TURING 图灵原创

Go语言编程

The Go Programming Language

许式伟　吕桂华◉等编著

人民邮电出版社

北　京

图书在版编目（CIP）数据

Go语言编程 / 许式伟等编著. -- 北京 ：人民邮电
出版社，2012.8（2023.3重印）
　（图灵原创）
　ISBN 978-7-115-29036-6

Ⅰ．①G… Ⅱ．①许… Ⅲ．①程序语言－程序设计
Ⅳ．①TP312

中国版本图书馆CIP数据核字(2012)第172819号

内 容 提 要

　　本书首先引领读者快速浏览 Go 语言的全貌，迅速消除读者对这门语言的陌生感，然后循序渐进地介绍
了 Go 语言的面向过程和面向对象的编程语法，其中穿插了一些与其他主流语言的比较以让读者理解 Go 语
言的设计动机，接着探讨了 Go 语言最为重要的并行编程方法，之后介绍了网络编程、工程管理、安全编程、
开发工具等非语法相关但非常重要的内容，最后为一系列关于 Go 语言的文章，可以帮助读者更深入了解这
门全新的语言。

　　本书适合所有层次的开发者阅读。

◆ 编著　　　许式伟　　吕桂华　　等
　　责任编辑　　王军花

◆ 人民邮电出版社出版发行　　北京市丰台区成寿寺路 11 号
　　邮编　100164　　电子邮件　315@ptpress.com.cn
　　网址　http://www.ptpress.com.cn
　　固安县铭成印刷有限公司印刷

◆ 开本：800×1000　1/16
　　印张：15.25　　　　　　　　　2012 年 8 月第 1 版
　　字数：361千字　　　　　　　　2023 年 3 月河北第 34 次印刷

定价：49.00元

读者服务热线：(010)84084456-6009　印装质量热线：(010)81055316
反盗版热线：(010)81055315
广告经营许可证：京东市监广登字 20170147 号

前言：为什么我们需要一门新语言

　　编程语言已经非常多，偏性能敏感的编译型语言有C、C++、Java、C#、Delphi和Objective-C等，偏快速业务开发的动态解析型语言有PHP、Python、Perl、Ruby、JavaScript和Lua等，面向特定领域的语言有Erlang、R和MATLAB等，那么我们为什么需要Go这样一门新语言呢？

　　在2000年前的单机时代，C语言是编程之王。随着机器性能的提升、软件规模与复杂度的提高，Java逐步取代了C的位置。尽管看起来Java已经深获人心，但Java编程的体验并未尽如人意。历年来的编程语言排行榜（如图0-1所示）显示，Java语言的市场份额在逐步下跌，并趋近于C语言的水平，显示了这门语言后劲不足。

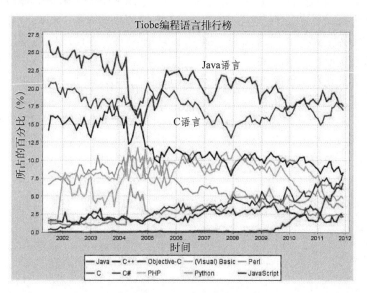

图0-1　编程语言排行榜[①]

　　Go语言官方自称，之所以开发Go语言，是因为"近10年来开发程序之难让我们有点沮丧"。这一定位暗示了Go语言希望取代C和Java的地位，成为最流行的通用开发语言。

　　Go希望成为互联网时代的C语言。多数系统级语言（包括Java和C#）的根本编程哲学来源于

---

　　① 数据来源：http://www.tiobe.com/index.php/content/paperinfo/tpci/index.html。

C++，将C++的面向对象进一步发扬光大。但是Go语言的设计者却有不同的看法，他们认为C++真的没啥好学的，值得学习的是C语言。C语言经久不衰的根源是它足够简单。因此，Go语言也要足够简单！

那么，互联网时代的C语言需要考虑哪些关键问题呢？

首先，并行与分布式支持。多核化和集群化是互联网时代的典型特征。作为一个互联网时代的C语言，必须要让这门语言操作多核计算机与计算机集群如同操作单机一样容易。

其次，软件工程支持。工程规模不断扩大是产业发展的必然趋势。单机时代语言可以只关心问题本身的解决，而互联网时代的C语言还需要考虑软件品质保障和团队协作相关的话题。

最后，编程哲学的重塑。计算机软件经历了数十年的发展，形成了面向对象等多种学术流派。什么才是最佳的编程实践？作为互联网时代的C语言，需要回答这个问题。

接下来我们来聊聊Go语言在这些话题上是如何应对的。

并发与分布式

多核化和集群化是互联网时代的典型特征，那语言需要哪些特性来应对这些特征呢？

第一个话题是并发执行的"执行体"。执行体是个抽象的概念，在操作系统层面有多个概念与之对应，比如操作系统自己掌管的进程（process）、进程内的线程（thread）以及进程内的协程（coroutine，也叫轻量级线程）。多数语言在语法层面并不直接支持协程，而通过库的方式支持的协程的功能也并不完整，比如仅仅提供协程的创建、销毁与切换等能力。如果在这样的协程中调用一个同步IO操作，比如网络通信、本地文件读写，都会阻塞其他的并发执行协程，从而无法真正达到协程本身期望达到的目标。

Go语言在语言级别支持协程，叫goroutine。Go语言标准库提供的所有系统调用（syscall）操作，当然也包括所有同步IO操作，都会出让CPU给其他goroutine，这让事情变得非常简单。我们对比一下Java和Go，近距离观摩下两者对"执行体"的支持。

为了简化，我们在样例中使用的是Java标准库中的线程，而不是协程，具体代码如下：

```java
public class MyThread implements Runnable {

    String arg;

    public MyThread(String a) {
        arg = a;
    }

    public void run() {
        // ...
    }

    public static void main(String[] args) {
        new Thread(new MyThread("test")).start();
        // ...
    }
```

```
}
```

相同功能的代码，在Go语言中是这样的：

```
func run(arg string) {
    // ...
}

func main() {
    go run("test")
    ...
}
```

对比非常鲜明。我相信你已经明白为什么Go语言会叫Go语言了：Go语言献给这个时代最好的礼物，就是加了go这个关键字。当然也有人会说，叫Go语言是因为它是Google出的。好吧，这也是个不错的闲聊主题。

第二个话题是"执行体间的通信"。执行体间的通信包含几个方式：

❑ 执行体之间的互斥与同步

❑ 执行体之间的消息传递

先说"执行体之间的互斥与同步"。当执行体之间存在共享资源（一般是共享内存）时，为保证内存访问逻辑的确定性，需要对访问该共享资源的相关执行体进行互斥。当多个执行体之间的逻辑存在时序上的依赖时，也往往需要在执行体之间进行同步。互斥与同步是执行体间最基础的交互方式。

多数语言在库层面提供了线程间的互斥与同步支持，那么协程之间的互斥与同步呢？呃，不好意思，没有。事实上多数语言标准库中连协程都是看不到的。

再说"执行体之间的消息传递"。在并发编程模型的选择上，有两个流派，一个是共享内存模型，一个是消息传递模型。多数传统语言选择了前者，少数语言选择后者，其中选择"消息传递模型"的最典型代表是Erlang语言。业界有专门的术语叫"Erlang风格的并发模型"，其主体思想是两点：一是"轻量级的进程（Erlang中'进程'这个术语就是我们上面说的'执行体'）"，二是"消息乃进程间通信的唯一方式"。当执行体之间需要相互传递消息时，通常需要基于一个消息队列（message queue）或者进程邮箱（process mail box）这样的设施进行通信。

Go语言推荐采用"Erlang风格的并发模型"的编程范式，尽管传统的"共享内存模型"仍然被保留，允许适度地使用。在Go语言中内置了消息队列的支持，只不过它叫通道（channel）。两个goroutine之间可以通过通道来进行交互。

软件工程

单机时代的语言可以只关心问题本身的解决，但是随着工程规模的不断扩大，软件复杂度的不断增加，软件工程也成为语言设计层面要考虑的重要课题。多数软件需要一个团队共同去完成，在团队协作的过程中，人们需要建立统一的交互语言来降低沟通的成本。规范化体现在多个层面，如：

- ❑ 代码风格规范
- ❑ 错误处理规范
- ❑ 包管理
- ❑ 契约规范（接口）
- ❑ 单元测试规范
- ❑ 功能开发的流程规范

Go语言很可能是第一个将代码风格强制统一的语言，例如Go语言要求public的变量必须以大写字母开头，private变量则以小写字母开头，这种做法不仅免除了public、private关键字，更重要的是统一了命名风格。

另外，Go语言对{ }应该怎么写进行了强制，比如以下风格是正确的：

```
if expression {
    ...
}
```

但下面这个写法就是错误的：

```
if expression
{
    ...
}
```

而C和Java语言中则对花括号的位置没有任何要求。哪种更有利，这个见仁见智。但很显然的是，所有的Go代码的花括号位置肯定是非常统一的。

最有意思的其实还是 Go 语言首创的错误处理规范：

```
f, err := os.Open(filename)
if err != nil {
    log.Println("Open file failed:", err)
    return
}
defer f.Close()
... // 操作已经打开的f文件
```

这里有两个关键点。其一是defer关键字。defer语句的含义是不管程序是否出现异常，均在函数退出时自动执行相关代码。在上面的例子中，正是因为有了defer，才使得无论后续是否会出现异常，都可以确保文件被正确关闭。其二是Go语言的函数允许返回多个值。大多数函数的最后一个返回值会为error类型，以在错误情况下返回详细信息。error类型只是一个系统内置的interface，如下：

```
type error interface {
    Error() string
}
```

有了error类型，程序出现错误的逻辑看起来就相当统一。

在Java中，你可能这样写代码来保证资源正确释放：

```
Connection conn = ...;
```

```
try {
    Statement stmt = ...;
    try {
        ResultSet rset = ...;
        try {
            ... // 正常代码
        }
        finally {
            rset.close();
        }
    }
    finally {
        stmt.close();
    }
}
finally {
    conn.close();
}
```

完成同样的功能，相应的Go代码只需要写成这样：

```
conn := ...
defer conn.Close()

stmt := ...
defer stmt.Close()

rset := ...
defer rset.Close()
... // 正常代码
```

对比两段代码，Go语言处理错误的优势显而易见。当然，其实Go语言带给我们的惊喜还有很多，后续有机会我们可以就某个更具体的话题详细展开来谈一谈。

编程哲学

计算机软件经历了数十年的发展，形成了多种学术流派，有面向过程编程、面向对象编程、函数式编程、面向消息编程等，这些思想究竟孰优孰劣，众说纷纭。

C语言是纯过程式的，这和它产生的历史背景有关。Java语言则是激进的面向对象主义推崇者，典型表现是它不能容忍体系里存在孤立的函数。而Go语言没有去否认任何一方，而是用批判吸收的眼光，将所有编程思想做了一次梳理，融合众家之长，但时刻警惕特性复杂化，极力维持语言特性的简洁，力求小而精。

从编程范式的角度来说，Go语言是变革派，而不是改良派。

对于C++、Java和C#等语言为代表的面向对象（OO）思想体系，Go语言总体来说持保守态度，有限吸收。

首先，Go语言反对函数和操作符重载（overload），而C++、Java和C#都允许出现同名函数或操作符，只要它们的参数列表不同。虽然重载解决了一小部分面向对象编程（OOP）的问题，但同样给这些语言带来了极大的负担。而Go语言有着完全不同的设计哲学，既然函数重载带来了负担，并且这个特性并不对解决任何问题有显著的价值，那么Go就不提供它。

其次，Go语言支持类、类成员方法、类的组合，但反对继承，反对虚函数（virtual function）和虚函数重载。确切地说，Go也提供了继承，只不过是采用了组合的文法来提供：

```
type Foo struct {
    Base
    ...
}

func (foo *Foo) Bar() {
    ...
}
```

再次，Go语言也放弃了构造函数（constructor）和析构函数（destructor）。由于Go语言中没有虚函数，也就没有vptr，支持构造函数和析构函数就没有太大的价值。本着"如果一个特性并不对解决任何问题有显著的价值，那么Go就不提供它"的原则，构造函数和析构函数就这样被Go语言的作者们干掉了。

在放弃了大量的OOP特性后，Go语言送上了一份非常棒的礼物：接口（interface）。你可能会说，除了C这么原始的语言外，还有什么语言没有接口呢？是的，多数语言都提供接口，但它们的接口都不同于Go语言的接口。

Go语言中的接口与其他语言最大的一点区别是它的非侵入性。在C++、Java和C#中，为了实现一个接口，你需要从该接口继承，具体代码如下：

```
class Foo implements IFoo { // Java文法
    ...
}

class Foo : public IFoo { // C++文法
    ...
}

IFoo* foo = new Foo;
```

在Go语言中，实现类的时候无需从接口派生，具体代码如下：

```
type Foo struct { // Go文法
    ...
}

var foo IFoo = new(Foo)
```

只要Foo实现了接口IFoo要求的所有方法，就实现了该接口，可以进行赋值。

Go语言的非侵入式接口，看似只是做了很小的文法调整，实则影响深远。

其一，Go语言的标准库再也不需要绘制类库的继承树图。你只需要知道这个类实现了哪些方法，每个方法是啥含义就足够了。

其二，不用再纠结接口需要拆得多细才合理，比如我们实现了File类，它有下面这些方法：

```
Read(buf []byte) (n int, err error)
Write(buf []byte) (n int, err error)
Seek(off int64, whence int) (pos int64, err error)
Close() error
```

那么，到底是应该定义一个IFile接口，还是应该定义一系列的IReader、IWriter、ISeeker和ICloser接口，然后让File从它们派生好呢？事实上，脱离了实际的用户场景，讨论这两个设计哪个更好并无意义。问题在于，实现File类的时候，我怎么知道外部会如何用它呢？

其三，不用为了实现一个接口而专门导入一个包，而目的仅仅是引用其中的某个接口的定义。在Go语言中，只要两个接口拥有相同的方法列表，那么它们就是等同的，可以相互赋值，如对于以下两个接口，第一个接口：

```
package one

type ReadWriter interface {
    Read(buf [] byte) (n int, err error)
    Write(buf [] byte) (n int, err error)
}
```

第二个接口：

```
package two

type IStream interface {
    Write(buf [] byte) (n int, err error)
    Read(buf [] byte) (n int, err error)
}
```

这里我们定义了两个接口，一个叫one.ReadWriter，一个叫two.IStream，两者都定义了Read()和Write()方法，只是定义的次序相反。one.ReadWriter先定义了Read()再定义Write()，而two.IStream反之。

在Go语言中，这两个接口实际上并无区别，因为：

❑ 任何实现了one.ReadWriter接口的类，均实现了two.IStream；

❑ 任何one.ReadWriter接口对象可赋值给two.IStream，反之亦然；

❑ 在任何地方使用one.ReadWriter接口，与使用two.IStream并无差异。

所以在Go语言中，为了引用另一个包中的接口而导入这个包的做法是不被推荐的。因为多引用一个外部的包，就意味着更多的耦合。

除了OOP外，近年出现了一些小众的编程哲学，Go语言对这些思想亦有所吸收。例如，Go语言接受了函数式编程的一些想法，支持匿名函数与闭包。再如，Go语言接受了以Erlang语言为代表的面向消息编程思想，支持goroutine和通道，并推荐使用消息而不是共享内存来进行并发编程。总体来说，Go语言是一个非常现代化的语言，精小但非常强大。

小结

在十余年的技术生涯中，我接触过、使用过、喜爱过不同的编程语言，但总体而言，Go语言的出现是最让我兴奋的事情。我个人对未来10年编程语言排行榜的趋势判断如下：

❑ Java语言的份额继续下滑，并最终被C和Go语言超越；

❑ C语言将长居编程榜第二的位置，并有望在Go取代Java前重获语言榜第一的宝座；

❑ Go语言最终会取代Java，居于编程榜之首。

由七牛云存储团队编著的这本书将尽可能展现出Go语言的迷人魅力。希望本书能够让更多人理解这门语言，热爱这门语言，让这门优秀的语言能够落到实处，把程序员从以往繁杂的语言细节中解放出来，集中精力开发更加优秀的系统软件。

许式伟

2012年3月7日

目　　录

第1章

初识Go语言

本章将简要介绍Go语言的发展历史和关键的语言特性，并引领读者对Go语言的主要特性进行一次快速全面的浏览，让读者对Go语言的总体情况有一个清晰的印象，并能够快速上手，用Go语言编写和运行自己的第一个小程序。

对于本章给出的样例，读者只需通过欣赏语法的方式来阅读，而无需试图去彻底搞懂它，后面我们会详细介绍这些特性。

1.1 语言简史

提起Go语言的出身，我们就必须将我们饱含敬意的眼光投向持续推出惊世骇俗成果的贝尔实验室。贝尔实验室已经走出了多位诺贝尔奖获得者，一些对于现在科技至关重要的研究成果，比如晶体管、通信技术、数码相机的感光元件CCD和光电池等都源自贝尔实验室。该实验室在科技界的地位可想而之，是一个毫无争议的科研圣地。

这里我们重点介绍一下贝尔实验室中一个叫计算科学研究中心的部门对于操作系统和编程语言的贡献。回溯至1969年（估计大部分读者那时候都还没出世），肯·汤普逊（Ken Thompson）和丹尼斯·里奇（Dennis Ritchie）在贝尔实验室的计算科学研究中心里开发出了Unix这个大名鼎鼎的操作系统，还因为开发Unix而衍生出了一门同样赫赫有名的编程语言——C语言。对于很大一部分人而言，Unix就是操作系统的鼻祖，C语言也是计算机课程中最广泛使用的编程语言。Unix和C语言在过去的几十年以来已经造就了无数的成功商业故事，比如曾在90年代如日中天的太阳微系统（Sun MicroSystems），现在正如日中天的苹果的Mac OS X操作系统其实也可以认为是Unix的一个变种（FreeBSD）。

虽然已经取得了如此巨大的成就，贝尔实验室的这几个人并没有因此而沉浸在光环中止步不前，他们从20世纪80年代又开始了一个名为Plan 9的操作系统研究项目，目的就是解决Unix中的一些问题，发展出一个Unix的后续替代系统。在之后的几十年中，该研究项目又演变出了另一个叫Inferno的项目分支，以及一个名为Limbo的编程语言。

Limbo是用于开发运行在小型计算机上的分布式应用的编程语言，它支持模块化编程，编译期和运行时的强类型检查，进程内基于具有类型的通信通道，原子性垃圾收集和简单的抽象数据类型。它被设计为：即便是在没有硬件内存保护的小型设备上，也能安全运行。

Limbo语言被认为是Go语言的前身，不仅仅因为是同一批人设计的语言，而是Go语言确实从

Limbo语言中继承了众多优秀的特性。

贝尔实验室后来经历了多次的动荡，包括肯·汤普逊在内的Plan 9项目原班人马加入了Google。在Google，他们创造了Go语言。早在2007年9月，Go语言还是这帮大牛的20%自由时间的实验项目。幸运的是，到了2008年5月，Google发现了Go语言的巨大潜力，从而开始全力支持这个项目，让这批人可以全身心投入Go语言的设计和开发工作中。Go语言的第一个版本在2009年11月正式对外发布，并在此后的两年内快速迭代，发展迅猛。第一个正式版本的Go语言于2012年3月28日正式发布，让Go语言迎来了第一个引人瞩目的里程碑。

基于Google对开源的一贯拥抱态度，Go语言也自然而然地选择了开源方式发布，并使用BSD授权协议。任何人可以查看Go语言的所有源代码，并可以为Go语言发展而奉献自己的力量。

Google作为Go语言的主推者，并没有简简单单地把语言推给开源社区了事，它不仅组建了一个独立的小组全职开发Go语言，还在自家的服务中逐步增加对Go语言的支持，比如对于Google有战略意义的云计算平台GAE（Google AppEngine）很早就开始支持Go语言了。按目前的发展态势，在Google内部，Go语言有逐渐取代Java和Python主流地位的趋势。在Google的更多产品中，我们将看到Go语言的踪影，比如Google最核心的搜索和广告业务。

在本书的序中，我们已经清晰诠释了为什么在语言泛滥的时代Google还要设计和推出一门新的编程语言。按照已经发布的Go语言的特性，我们有足够的理由相信Google推出此门新编程语言绝不仅仅是简单的跑马圈地运动，而是为了解决切实的问题。

下面我们再来看看Go语言的主要作者。

❑ 肯·汤普逊（Ken Thompson，http://en.wikipedia.org/wiki/Ken_Thompson）：设计了B语言和C语言，创建了Unix和Plan 9操作系统，1983年图灵奖得主，Go语言的共同作者。

❑ 罗布·派克（Rob Pike，http://en.wikipedia.org/wiki/Rob_Pike）：Unix小组的成员，参与Plan 9和Inferno操作系统，参与 Limbo和Go语言的研发，《Unix编程环境》作者之一。

❑ 罗伯特·格里泽默（Robert Griesemer）：曾协助制作Java的HotSpot编译器和Chrome浏览器的JavaScript引擎V8。

❑ 拉斯·考克斯（Russ Cox，http://swtch.com/~rsc/）：参与Plan 9操作系统的开发，Google Code Search项目负责人。

❑ 伊安·泰勒（Ian Lance Taylor）：GCC社区的活跃人物，gold连接器和GCC过程间优化LTO的主要设计者，Zembu公司的创始人。

❑ 布拉德·菲茨帕特里克（Brad Fitzpatrick，http://en.wikipedia.org/wiki/Brad_Fitzpatrick）：LiveJournal的创始人，著名开源项目memcached的作者。

虽然我们这里只列出了一部分，大家已经可以看出这个语言开发团队空前强大，这让我们在为Go语言的优秀特性而兴奋之外，还非常看好这门语言的发展前景。

1.2　语言特性

Go语言作为一门全新的静态类型开发语言，与当前的开发语言相比具备众多令人兴奋不已的新特性。本书从第2章开始，我们将对Go语言的各个方面进行详细解析，让读者能够尽量轻松地掌握这门简洁、有趣却又超级强大的新语言。

这里先给读者罗列一下Go语言最主要的特性：

❑ 自动垃圾回收
❑ 更丰富的内置类型
❑ 函数多返回值
❑ 错误处理
❑ 匿名函数和闭包
❑ 类型和接口
❑ 并发编程
❑ 反射
❑ 语言交互性

1.2.1 自动垃圾回收

我们可以先看下不支持垃圾回收的语言的资源管理方式，以下为一小段C++语言代码：

```
void foo()
{
    char* p = new char[128];
    ... // 对p指向的内存块进行赋值
    func1(p); // 使用内存指针

    delete[] p;
}
```

各种非预期的原因，比如由于开发者的疏忽导致最后的delete语句没有被调用，都会引发经典而恼人的内存泄露问题。假如该函数被调用得非常频繁，那么我们观察该进程执行时，会发现该进程所占用的内存会一直疯长，直至占用所有系统内存并导致程序崩溃，而如果泄露的是系统资源的话，那么后果还会更加严重，最终很有可能导致系统崩溃。

手动管理内存的另外一个问题就是由于指针的到处传递而无法确定何时可以释放该指针所指向的内存块。假如代码中某个位置释放了内存，而另一些地方还在使用指向这块内存的指针，那么这些指针就变成了所谓的"野指针"（wild pointer）或者"悬空指针"（dangling pointer），对这些指针进行的任何读写操作都会导致不可预料的后果。

由于其杰出的效率，C和C++语言在非常长的时间内都作为服务端系统的主要开发语言，比如Apache、Nginx和MySQL等著名的服务器端软件就是用C和C++开发的。然而，内存和资源管理一直是一个让人非常抓狂的难题。服务器的崩溃十有八九就是因为不正确的内存和资源管理导致，更讨厌的是这种内存和资源管理问题即使被发现了，也很难定位到具体的错误地点，导致无数程序员通宵达旦地调试程序。

这个问题在多年里被不同人用不同的方式试图解决，并诞生了一些非常著名的内存检查工具，比如Rational Purify、Compuware BoundsChecker和英特尔的Parallel Inspector等。从设计方法的角度也衍生了类似于内存引用计数之类的方法（通常被称为"智能指针"），后续在Windows平台上标准化的COM出现的一个重要原因就是为了解决内存管理的难题。但是事实证明，这些工具和方法虽然能够在一定程度上辅助开发者，但并没法让开发者避免通宵调试这样又苦又累的工作。

到目前为止，内存泄露的最佳解决方案是在语言级别引入自动垃圾回收算法（Garbage Collection，简称GC）。所谓垃圾回收，即所有的内存分配动作都会被在运行时记录，同时任何对该内存的使用也都会被记录，然后垃圾回收器会对所有已经分配的内存进行跟踪监测，一旦发现有些内存已经不再被任何人使用，就阶段性地回收这些没人用的内存。当然，因为需要尽量最小化垃圾回收的性能损耗，以及降低对正常程序执行过程的影响，现实中的垃圾回收算法要比这个复杂得多，比如为对象增加年龄属性等，但基本原理都是如此。

自动垃圾回收在C/C++社区一直作为一柄双刃剑看待，虽然到C++0x（后命名为C++11）正式发布时，这个呼声颇高的特性总算是有人发起提案，但按C++之父的说法，由于C++本身过于强大，导致在C++中支持垃圾收集变成了一个困难的工作，这也使得垃圾回收最终与C++11无缘。假如C++支持垃圾收集，以下的代码片段在运行时就会是一个严峻的考验：

```
int* p = new int;
p += 10; // 对指针进行了偏移，因此那块内存不再被引用
// …… 这里可能会发生针对这块int内存的垃圾收集 ……
p -= 10; // 咦，居然又偏移到原来的位置
*p = 10; // 如果有垃圾收集，这里就无法保证可以正常运行了
```

微软的C++/CLI算是用一种偏门的方式让C++程序员们有机会品尝一下垃圾回收功能的鲜美味道。在C/C++之后出现的新语言，比如Java和C#等，基本上都已经自带自动垃圾回收功能。

Go语言作为一门新生的开发语言，当然不能忽略内存管理这个问题。又因为Go语言没有C++这么"强大"的指针计算功能，因此可以很自然地包含垃圾回收功能。因为垃圾回收功能的支持，开发者无需担心所指向的对象失效的问题，因此Go语言中不需要delete关键字，也不需要free()方法来明确释放内存。例如，对于以上的这个C语言例子，如果使用Go语言实现，我们就完全不用考虑何时需要释放之前分配的内存的问题，系统会自动帮我们判断，并在合适的时候（比如CPU相对空闲的时候）进行自动垃圾收集工作。

1.2.2　更丰富的内置类型

除了几乎所有语言都支持的简单内置类型（比如整型和浮点型等）外，Go语言也内置了一些比较新的语言中内置的高级类型，比如C#和Java中的数组和字符串。除此之外，Go语言还内置了一个对于其他静态类型语言通常用库方式支持的字典类型（map）。Go语言设计者对为什么内置map这个问题的回答也颇为简单：既然绝大多数开发者都需要用到这个类型，为什么还非要每个人都写一行import语句来包含一个库？这也是一个典型的实战派观点，与很多其他语言的学院派气息迥然不同。

另外有一个新增的数据类型：数组切片（Slice）。我们可以认为数组切片是一种可动态增长的数组。这几种数据结构基本上覆盖了绝大部分的应用场景。数组切片的功能与C++标准库中的vector非常类似。Go语言在语言层面对数组切片的支持，相比C++开发者有效地消除了反复

写以下几行代码的工作量：

```
#include <vector>
#include <map>
#include <algorithm>

using namespace std;
```

因为是语言内置特性，开发者根本不用费事去添加依赖的包，既可以少一些输入工作量，也可以让代码看起来尽量简洁。

1.2.3　函数多返回值

目前的主流语言中除Python外基本都不支持函数的多返回值功能，不是没有这类需求，可能是语言设计者没有想好该如何提供这个功能，或者认为这个功能会影响语言的美感。

比如我们如果要定义一个函数用于返回个人名字信息，而名字信息因为包含多个部分——姓氏、名字、中间名和别名，在不支持多返回值的语言中我们有以下两种做法：要么专门定义一个结构体用于返回，比如：

```
struct name
{
    char first_name[20];
    char middle_name[20];
    char last_name[20];
    char nick_name[48];
};

// 函数原型
extern name get_name();

// 函数调用
name n = get_name();
```

或者以传出参数的方式返回多个结果：

```
// 函数原型
extern void get_name(
    /*out*/char* first_name,
    /*out*/char* middle_name,
    /*out*/char* last_name,
    /*out*/char* nick_name);

// 先分配内存
char first_name[20];
char middle_name[20];
char last_name[20];
char nick_name[48];

// 函数调用
get_name(first_name, middle_name, last_name, nick_name);
```

Go语言革命性地在静态开发语言阵营中率先提供了多返回值功能。这个特性让开发者可以从原来用各种比较别扭的方式返回多个值的痛苦中解脱出来，既不用再区分参数列表中哪几个用于输入，哪几个用于输出，也不用再只为了返回多个值而专门定义一个数据结构。

在Go语言中，上述的例子可以修改为以下的样子：

```go
func getName()(firstName, middleName, lastName, nickName string){
    return "May", "M", "Chen", "Babe"
}
```

因为返回值都已经有名字，因此各个返回值也可以用如下方式来在不同的位置进行赋值，从而提供了极大的灵活性：

```go
func getName()(firstName, middleName, lastName, nickName string){
    firstName = "May"
    middleName = "M"
    lastName = "Chen"
    nickName = "Babe"
    return
}
```

并不是每一个返回值都必须赋值，没有被明确赋值的返回值将保持默认的空值。而函数的调用相比C/C++语言要简化很多：

```go
fn, mn, ln, nn := getName()
```

如果开发者只对该函数其中的某几个返回值感兴趣的话，也可以直接用下划线作为占位符来忽略其他不关心的返回值。下面的调用表示调用者只希望接收lastName的值，这样可以避免声明完全没用的变量：

```go
_, _, lastName, _ := getName()
```

我们会在第2章中详细讲解多重返回值的用法。

1.2.4　错误处理

Go语言引入了defer关键字用于标准的错误处理流程，并提供了内置函数panic、recover完成异常的抛出与捕获。本书的"序"已经用示例展示了defer关键字的强大之处，在第2章中我们还会详细描述Go语言错误处理机制的独特之处。整体上而言与C++和Java等语言中的异常捕获机制相比，Go语言的错误处理机制可以大量减少代码量，让开发者也无需仅仅为了程序安全性而添加大量一层套一层的try-catch语句。这对于代码的阅读者和维护者来说也是一件很好的事情，因为可以避免在层层的代码嵌套中定位业务代码。2.6节将介绍Go语言中的错误处理机制。

1.2.5　匿名函数和闭包

在Go语言中，所有的函数也是值类型，可以作为参数传递。Go语言支持常规的匿名函数和闭包，比如下列代码就定义了一个名为f的匿名函数，开发者可以随意对该匿名函数变量进行传递和调用：

```go
f := func(x, y int) int {
    return x + y
}
```

1.2.6 类型和接口

Go语言的类型定义非常接近于C语言中的结构（struct），甚至直接沿用了`struct`关键字。相比而言，Go语言并没有直接沿袭C++和Java的传统去设计一个超级复杂的类型系统，不支持继承和重载，而只是支持了最基本的类型组合功能。

巧妙的是，虽然看起来支持的功能过于简洁，细用起来你却会发现，C++和Java使用那些复杂的类型系统实现的功能在Go语言中并不会出现无法表现的情况，这反而让人反思其他语言中引入这些复杂概念的必要性。我们在第3章中将详细描述Go语言的类型系统。

Go语言也不是简单的对面向对象开发语言做减法，它还引入了一个无比强大的"非侵入式"接口的概念，让开发者从以往对C++和Java开发中的接口管理问题中解脱出来。在C++中，我们通常会这样来确定接口和类型的关系：

```cpp
// 抽象接口
interface IFly
{
    virtual void Fly()=0;
};

// 实现类
class Bird : public IFly
{
public:
    Bird()
    {}
    virtual ~Bird()
    {}
public:
    void Fly()
    {
        // 以鸟的方式飞行
    }
};

void main()
{
    IFly* pFly = new Bird();
    pFly->Fly();
    delete pFly;
}
```

显然，在实现一个接口之前必须先定义该接口，并且将类型和接口紧密绑定，即接口的修改会影响到所有实现了该接口的类型，而Go语言的接口体系则避免了这类问题：

```go
type Bird struct {
    ...
}

func (b *Bird) Fly() {
    // 以鸟的方式飞行
}
```

我们在实现`Bird`类型时完全没有任何`IFly`的信息。我们可以在另外一个地方定义这个`IFly`接口：

```
type IFly interface {
    Fly()
}
```

这两者目前看起来完全没有关系，现在看看我们如何使用它们：

```
func main() {
    var fly IFly = new(Bird)
    fly.Fly()
}
```

可以看出，虽然`Bird`类型实现的时候，没有声明与接口`IFly`的关系，但接口和类型可以直接转换，甚至接口的定义都不用在类型定义之前，这种比较松散的对应关系可以大幅降低因为接口调整而导致的大量代码调整工作。

1.2.7　并发编程

Go语言引入了goroutine概念，它使得并发编程变得非常简单。通过使用goroutine而不是裸用操作系统的并发机制，以及使用消息传递来共享内存而不是使用共享内存来通信，Go语言让并发编程变得更加轻盈和安全。

通过在函数调用前使用关键字go，我们即可让该函数以goroutine方式执行。goroutine是一种比线程更加轻盈、更省资源的协程。Go语言通过系统的线程来多路派遣这些函数的执行，使得每个用go关键字执行的函数可以运行成为一个单位协程。当一个协程阻塞的时候，调度器就会自动把其他协程安排到另外的线程中去执行，从而实现了程序无等待并行化运行。而且调度的开销非常小，一颗CPU调度的规模不下于每秒百万次，这使得我们能够创建大量的goroutine，从而可以很轻松地编写高并发程序，达到我们想要的目的。

Go语言实现了CSP（通信顺序进程，Communicating Sequential Process）模型来作为goroutine间的推荐通信方式。在CSP模型中，一个并发系统由若干并行运行的顺序进程组成，每个进程不能对其他进程的变量赋值。进程之间只能通过一对通信原语实现协作。Go语言用channel（通道）这个概念来轻巧地实现了CSP模型。channel的使用方式比较接近Unix系统中的管道（pipe）概念，可以方便地进行跨goroutine的通信。

另外，由于一个进程内创建的所有goroutine运行在同一个内存地址空间中，因此如果不同的goroutine不得不去访问共享的内存变量，访问前应该先获取相应的读写锁。Go语言标准库中的sync包提供了完备的读写锁功能。

下面我们用一个简单的例子来演示goroutine和channel的使用方式。这是一个并行计算的例子，由两个goroutine进行并行的累加计算，待这两个计算过程都完成后打印计算结果，具体如代码清单1-1所示。

代码清单1-1 paracalc.go

```go
package main

import "fmt"

func sum(values [] int, resultChan chan int) {
    sum := 0
    for _, value := range values {
        sum += value
    }
    resultChan <- sum   // 将计算结果发送到channel中
}

func main() {
    values := [] int{1, 2, 3, 4, 5, 6, 7, 8, 9, 10}

    resultChan := make(chan int, 2)
    go sum(values[:len(values)/2], resultChan)
    go sum(values[len(values)/2:], resultChan)
    sum1, sum2 := <-resultChan, <-resultChan   // 接收结果

    fmt.Println("Result:", sum1, sum2, sum1 + sum2)
}
```

1.2.8 反射

反射（reflection）是在Java语言出现后迅速流行起来的一种概念。通过反射，你可以获取对象类型的详细信息，并可动态操作对象。反射是把双刃剑，功能强大但代码可读性并不理想。若非必要，我们并不推荐使用反射。

Go语言的反射实现了反射的大部分功能，但没有像Java语言那样内置类型工厂，故而无法做到像Java那样通过类型字符串创建对象实例。在Java中，你可以读取配置并根据类型名称创建对应的类型，这是一种常见的编程手法，但在Go语言中这并不被推荐。

反射最常见的使用场景是做对象的序列化（serialization，有时候也叫Marshal & Unmarshal）。例如，Go语言标准库的encoding/json、encoding/xml、encoding/gob、encoding/binary等包就大量依赖于反射功能来实现。

这里先举一个小例子，可以利用反射功能列出某个类型中所有成员变量的值，如代码清单1-2所示。

代码清单1-2 reflect.go

```go
package main

import (
    "fmt"
    "reflect"
)

type Bird struct {
```

```
        Name string
        LifeExpectance int
}

func (b *Bird) Fly() {
        fmt.Println("I am flying...")
}

func main() {
        sparrow := &Bird{"Sparrow", 3}
        s := reflect.ValueOf(sparrow).Elem()
        typeOfT := s.Type()
        for i := 0; i < s.NumField(); i++ {
            f := s.Field(i)
            fmt.Printf("%d: %s %s = %v\n", i, typeOfT.Field(i).Name, f.Type(),
                f.Interface())
        }
}
```

该程序的输出结果为：

```
0: Name string = Sparrow
1: LifeExpectance int = 3
```

我们会在第9章中简要介绍反射的基本使用方法和注意事项。

1.2.9 语言交互性

由于Go语言与C语言之间的天生联系，Go语言的设计者们自然不会忽略如何重用现有C模块的这个问题，这个功能直接被命名为Cgo。Cgo既是语言特性，同时也是一个工具的名称。

在Go代码中，可以按Cgo的特定语法混合编写C语言代码，然后Cgo工具可以将这些混合的C代码提取并生成对于C功能的调用包装代码。开发者基本上可以完全忽略这个Go语言和C语言的边界是如何跨越的。

与Java中的JNI不同，Cgo的用法非常简单，比如代码清单1-3就可以实现在Go中调用C语言标准库的puts函数。

代码清单1-3 cprint.go

```
package main

/*
#include <stdio.h>
#include <stdlib.h>
*/
import "C"
import "unsafe"

func main() {
        cstr := C.CString("Hello, world")
        C.puts(cstr)
        C.free(unsafe.Pointer(cstr))
}
```

我们将在第9章中详细介绍Cgo的用法。

1.3　第一个 Go 程序

　　自Kernighan和Ritchie合著的《C程序设计语言》(*The C Programming Language*)出版以来，几乎所有的编程书都以一个Hello world小例子作为开始。我们也不免俗(或者说尊重传统)，下面我们从一个简单Go语言版本的Hello world来初窥Go这门新语言的模样，如代码清单1-4所示。

代码清单1-4　hello.go

```go
package main

import "fmt"// 我们需要使用fmt包中的Println()函数

func main() {
    fmt.Println("Hello, world. 你好，世界! ")
}
```

1.3.1　代码解读

　　每个Go源代码文件的开头都是一个package声明，表示该Go代码所属的包。包是Go语言里最基本的分发单位，也是工程管理中依赖关系的体现。要生成Go可执行程序，必须建立一个名字为main的包，并且在该包中包含一个叫main()的函数(该函数是Go可执行程序的执行起点)。

　　Go语言的main()函数不能带参数，也不能定义返回值。命令行传入的参数在os.Args变量中保存。如果需要支持命令行开关，可使用flag包。在本书后面我们将解释如何使用flag包来做命令行参数规范的定义，以及获取和解析命令行参数。

　　在包声明之后，是一系列的import语句，用于导入该程序所依赖的包。由于本示例程序用到了Println()函数，所以需要导入该函数所属的fmt包。

　　有一点需要注意，不得包含在源代码文件中没有用到的包，否则Go编译器会报编译错误。这与下面提到的强制左花括号{的放置位置以及之后会提到的函数名的大小写规则，均体现了Go语言在语言层面解决软件工程问题的设计哲学。

　　所有Go函数(包括在对象编程中会提到的类型成员函数)以关键字func开头。一个常规的函数定义包含以下部分：

```go
func 函数名(参数列表)(返回值列表) {
    // 函数体
}
```

对应的一个实例如下：

```go
func Compute(value1 int, value2 float64)(result float64, err error) {
    // 函数体
}
```

　　Go支持多个返回值。以上的示例函数Compute()返回了两个值，一个叫result，另一个是err。并不是所有返回值都必须赋值。在函数返回时没有被明确赋值的返回值都会被设置为默认值，比如result会被设为0.0，err会被设为nil。

Go程序的代码注释与C++保持一致，即同时支持以下两种用法：

```
/*
块注释
*/

// 行注释
```

相信熟悉C和C++的读者也发现了另外一点，即在这段Go示例代码里没有出现分号。Go程序并不要求开发者在每个语句后面加上分号表示语句结束，这是与C和C++的一个明显不同之处。

有些读者可能会自然地把左花括号{另起一行放置，这样做的结果是Go编译器报告编译错误，这点需要特别注意：

```
syntax error: unexpected semicolon or newline before {
```

1.3.2 编译环境准备

前面我们给大家大概介绍了第一个Go程序的基本结构，接下来我们来准备编译这段小程序的环境。

在Go 1发布之前，开发者要想使用Go，只能自行下载代码并进行编译，而现在可以直接下载对应的安装包进行安装，安装包的下载地址为http://code.google.com/p/go/downloads/list。

在*nix环境中，Go默认会被安装到/usr/local/go目录中。安装包在安装完成后会自动添加执行文件目录到系统路径中。

安装完成后，请重新启动命令行程序，然后运行以下命令以验证Go是否已经正确安装：

```
$ go version
go version go1
```

如果该命令能够正常运行并输出相应的信息，说明Go编译环境已经正确安装完毕。如果提示找不到go命令，可以通过手动添加/usr/local/go/bin到PATH环境变量来解决。

1.3.3 编译程序

假设之前介绍的Hello, world代码被保存为了hello.go，并位于~/goyard目录下，那么可以用以下命令行编译并直接运行该程序：

```
$ cd ~/goyard
$ go run hello.go # 直接运行
Hello, world. 你好，世界!
```

使用这个命令，会将编译、链接和运行3个步骤合并为一步，运行完后在当前目录下也看不到任何中间文件和最终的可执行文件。如果要只生成编译结果而不自动运行，我们也可以使用Go命令行工具的build命令：

```
$ cd ~/goyard
$ go build hello.go
$ ./hello
Hello, world. 你好，世界!
```

可以看出，Go命令行工具是一个非常强大的源代码管理工具。我们将在第4章中详细讲解Go命令行工具所包含的更多更强大的功能。

从根本上说，Go命令行工具只是一个源代码管理工具，或者说是一个前端。真正的Go编译器和链接器被Go命令行工具隐藏在后面，我们可以直接使用它们：

```
$ 6g helloworld.go
$ 6l helloworld.6
$ ./6.out
Hello, world. 你好，世界!
```

6g和6l是64位版本的Go编译器和链接器，对应的32位版本工具为8g和8l。Go还有另外一个GCC版本的编译器，名为 gccgo，但不在本书的讨论范围内。

1.4 开发工具选择

Google并没有随着Go 1的发布推出官方的Go集成开发环境（IDE），因此开发者需要自行考虑和选择合适的开发工具。目前比较流行的开发工具如下：

❑ 文本编辑工具gedit（Linux）/Notepad++（Windows）/Fraise（Mac OS X）；
❑ 安装了GoClipse插件的Eclipse，集成性做得很好；
❑ Vim/Emacs，万能开发工具；
❑ LiteIDE，一款专为Go语言开发的集成开发环境。

由于Go代码的轻巧和模块化特征，其实一般的文本编辑工具就可以胜任Go开发工作。本书的所有代码均使用Linux上的gedit工具完成。

Go社区提供了各种文本编辑器的语法高亮设置方法，这在本书最后一章也有所介绍。

1.5 工程管理

在实际的开发工作中，直接调用编译器进行编译和链接的场景是少而又少，因为在工程中不会简单到只有一个源代码文件，且源文件之间会有相互的依赖关系。如果这样一个文件一个文件逐步编译，那不亚于一场灾难。Go语言的设计者作为行业老将，自然不会忽略这一点。早期Go语言使用makefile作为临时方案，到了Go 1发布时引入了强大无比的Go命令行工具。

Go命令行工具的革命性之处在于彻底消除了工程文件的概念，完全用目录结构和包名来推导工程结构和构建顺序。针对只有一个源文件的情况讨论工程管理看起来会比较多余，因为这可以直接用go run和go build搞定。下面我们将用一个更接近现实的虚拟项目来展示Go语言的基本工程管理方法。

假设有这样一个场景：我们需要开发一个基于命令行的计算器程序。下面为此程序的基本用法：

```
$ calc help
USAGE: calc command [arguments] ...

The commands are:
sqrt        Square root of a non-negative value.
add         Addition of two values.

$ calc sqrt 4 # 开根号
2
$ calc add 1 2 # 加法
3
```

我们假设这个工程被分割为两个部分：

❑ 可执行程序，名为calc，内部只包含一个calc.go文件；

❑ 算法库，名为simplemath，每个command对应于一个同名的go文件，比如add.go。

则一个正常的工程目录组织应该如下所示：

```
<calcproj>
├─<src>
│   ├─<calc>
│   │   ├─calc.go
│   ├─<simplemath>
│       ├─add.go
│       ├─add_test.go
│       ├─sqrt.go
│       ├─sqrt_test.go
├─<bin>
├─<pkg>#包将被安装到此处
```

在上面的结构里，带尖括号的名字表示其为目录。*xxx_test.go*表示的是一个对于*xxx.go*的单元测试，这也是Go工程里的命名规则。

为了让读者能够动手实践，这里我们会列出所有的源代码并以注释的方式解释关键内容，如代码清单1-5至代码清单1-9所示。需要注意的是，本示例主要用于示范工程管理，并不保证代码达到产品级质量。

代码清单1-5   calc.go

```
//calc.go
package main

import "os"// 用于获得命令行参数os.Args
import "fmt"
import "simplemath"
import "strconv"

var Usage = func() {
    fmt.Println("USAGE: calc command [arguments] ...")
    fmt.Println("\nThe commands are:\n\tadd\tAddition of two values.\n\tsqrt\tSquare
```

```
            root of a non-negative value.")
}

func main() {
    args := os.Args[1:]
    if args == nil || len(args) < 2 {
        Usage()
        return
    }

    switch args[0] {
        case "add":
            if len(args) != 3 {
                fmt.Println("USAGE: calc add <integer1><integer2>")
                return
            }
            v1, err1 := strconv.Atoi(args[1])
            v2, err2 := strconv.Atoi(args[2])
            if err1 != nil || err2 != nil {
                fmt.Println("USAGE: calc add <integer1><integer2>")
                return
            }
            ret := simplemath.Add(v1, v2)
            fmt.Println("Result: ", ret)
        case "sqrt":
            if len(args) != 2 {
                fmt.Println("USAGE: calc sqrt <integer>")
                return
            }
            v, err := strconv.Atoi(args[1])
            if err != nil {
            fmt.Println("USAGE: calc sqrt <integer>")
                    return
            }
            ret := simplemath.Sqrt(v)
            fmt.Println("Result: ", ret)
        default:
            Usage()
    }
}
```

代码清单1-6 add.go

```
// add.go
package simplemath

func Add(a int, b int) int {
    return a + b
}
```

代码清单1-7 add_test.go

```go
// add_test.go
package simplemath

import "testing"

func TestAdd1(t *testing.T) {
    r := Add(1, 2)
    if r != 3 {
        t.Errorf("Add(1, 2) failed. Got %d, expected 3.", r)
    }
}
```

代码清单1-8 sqrt.go

```go
// sqrt.go
package simplemath

import "math"

func Sqrt(i int) int {
    v := math.Sqrt(float64(i))
    return int(v)
}
```

代码清单1-9 sqrt_test.go

```go
// sqrt_test.go
package simplemath

import "testing"

func TestSqrt1(t *testing.T) {
    v := Sqrt(16)
    if v != 4 {
        t.Errorf("Sqrt(16) failed. Got %v, expected 4.", v)
    }
}
```

为了能够构建这个工程,需要先把这个工程的根目录加入到环境变量GOPATH中。假设calcproj目录位于~/goyard下, 则应编辑~/.bashrc文件, 并添加下面这行代码:

```
export GOPATH=~/goyard/calcproj
```

然后执行以下命令应用该设置:

```
$ source ~/.bashrc
```

GOPATH和PATH环境变量一样, 也可以接受多个路径, 并且路径和路径之间用冒号分割。

设置完GOPATH后, 现在我们开始构建工程。假设我们希望把生成的可执行文件放到calcproj/bin目录中, 需要执行的一系列指令如下:

```
$ cd ~/goyard/calcproj
$ mkdir bin
$ cd bin
$ go build calc
```

顺利的话，将在该目录下发现生成的一个叫做calc的可执行文件，执行该文件以查看帮助信息并进行算术运算：

```
$ ./calc
USAGE: calc command [arguments] ...

The commands are:
addAddition of two values.
sqrtSquare root of a non-negative value.
$ ./calc add  2 3
Result: 5
$ ./calc sqrt 9
Result: 3
```

从上面的构建过程中可以看到，真正的构建命令就一句：

```
go build calc
```

这就是为什么说Go命令行工具是非常强大的。我们不需要写makefile，因为这个工具会替我们分析，知道目标代码的编译结果应该是一个包还是一个可执行文件，并分析import语句以了解包的依赖关系，从而在编译calc.go之前先把依赖的simplemath编译打包好。Go命令行程序制定的目录结构规则让代码管理变得非常简单。

另外，我们在写simplemath包时，为每一个关键的函数编写了对应的单元测试代码，分别位于add_test.go和sqrt_test.go中。那么我们到底怎么运行这些单元测试呢？这也非常简单。因为已经设置了GOPATH，所以可以在任意目录下执行以下命令：

```
$ go test simplemath
ok   simplemath0.014s
```

可以看到，运行结果列出了测试的内容、测试结果和测试时间。如果我故意把add_test.go的代码改成这样的错误场景：

```
func TestAdd1(t *testing.T) {
    r := Add(1, 2)
    if r != 2 { // 这里本该是3，故意改成2测试错误场景
        t.Errorf("Add(1, 2) failed. Got %d, expected 3.", r)
    }
}
```

然后我们再次执行单元测试，将得到如下的结果：

```
$ go test simplemath
--- FAIL: TestAdd1 (0.00 seconds)
add_test.go:8: Add(1, 2) failed. Got 3, expected 3.
FAIL
FAILsimplemath0.013s
```

打印的错误信息非常简洁，却已经足够让开发者快速定位到问题代码所在的文件和行数，从而在最短的时间内确认是单元测试的问题还是程序的问题。

1.6   问题追踪和调试

Go语言所提供的是尽量简单的语法和尽量完善的库，以尽可能降低问题的发生概率。当然，问题还是会发生的，这时需要用到问题追踪和调试技能。这里我们简单介绍下两个最常规的问题跟踪方法：打印日志和使用GDB进行逐步调试。

1.6.1   打印日志

Go语言包中包含一个 `fmt` 包，其中提供了大量易用的打印函数，我们会接触到的主要是 `Printf()` 和 `Println()`。这两个函数可以满足我们的基本调试需求，比如临时打印某个变量。这两个函数的参数非常类似于C语言运行库中的 `Printf()`，有C语言开发经验的同学会很容易上手。下面是几个使用 `Printf()` 和 `Println()` 的例子：

```
fval := 110.48
ival := 200
sval := "This is a string. "
fmt.Println("The value of fval is", fval)
fmt.Printf("fval=%f, ival=%d, sval=%s\n", fval, ival, sval)
fmt.Printf("fval=%v, ival=%v, sval=%v\n", fval, ival, sval)
```

输出结果为：

```
The value of fval is 100.48
fval=100.48, ival=200, sval=This is a string.
fval=100.48, ival=200, sval=This is a string.
```

`fmt` 包的这一系列格式化打印函数使用起来非常方便，但在正式开始用Go开发服务器系统时，我们就不能只依赖 `fmt` 包了，而是需要设计严格的日志规范。Go语言的 `log` 包提供了基础的日志功能。如果有需要，你也可以引入自己的 `log` 模块。

1.6.2   GDB 调试

不用设置什么编译选项，Go语言编译的二进制程序直接支持GDB调试，比如之前用 `go build calc` 编译出来的可执行文件calc，就可以直接用以下命令以调试模式运行：

```
$ gdb calc
```

因为GDB的标准用法与Go没有特别关联，这里就不详细展开了，有兴趣的读者可以自行查看对应的文档。需要注意的是，Go编译器生成的调试信息格式为DWARFv3，只要版本高于7.1的GDB应该都支持它。

1.7   如何寻求帮助

Go语言已经发展了两年时间，凭借着语言本身的优越品质和Google的强大号召力，在推出正式版本之前就已经拥有了广大的爱好者和社区，本节就介绍一些不错的Go语言社区。在遇到问题时，请随时访问这些社区，并勇敢地提问，相信你能得到满意的解决方法。

1.7.1 邮件列表

邮件列表是Go语言最活跃的社区之一，而且与其他语言社区不同的是，在这里你可以很频繁地看到好多Go语言的核心开发成员（比如Russ Cox）亲自回答问题，其权威程度和对学习Go语言的价值显而易见。

Go邮件组的地址为http://groups.google.com/group/golang-nuts 。该邮件列表对所有人公开，你可以在这个页面上直接加入。该邮件列表的沟通语言为英语。根据我们的经验，在该邮件列表上提出的问题通常在24小时内可以得到解决。

Go的中文邮件组为http://groups.google.com/group/golang-china。如果你更习惯中文讨论环境，可以参与。另外，尽管http://groups.google.com/group/ecug不是以Go语言为专题，但有关Go语言的服务端开发，也是它最重要的话题之一。

1.7.2 网站资源

Go语言的官方网站为 http://golang.org，这个网站只随着Go的主要版本发布而更新，因此并不反映Go的最新进展。如果读者希望跟进Go语言的最新进展，可以到http://code.google.com/p/go/直接下载最新代码。这里持续对Go资料进行了整理：http://github.com/wonderfo/wonderfogo/wiki。

本书所有样例已经整理到https://github.com/qiniu/gobook，如果你需要运行样例代码，可以到该地址获取。编译说明见https://github.com/qiniu/gobook/blob/master/README.md。

1.8 小结

本章我们简要介绍了Go语言的起源和背景，并结合若干代码示例简要介绍了我们认为最值得关注的关键特性，之后按老规矩以Hello, world这个例子作为起点帮助读者快速熟悉这门新语言，消除对Go语言的陌生感，并搭建好自己的Go开发环境。

通过这一章的学习，我们相信读者对于Go语言的简单易学特性已经有了比较直接的了解。在后续的章节中，各位读者可以利用在本章中搭建的开发环境和学习的工程管理知识，快速动手尝试各种Go语言令人兴奋的语言功能。

第 2 章

顺序编程

从本章开始，我们将为你逐步展开Go语言的各种美妙特性，而本章主要介绍Go语言的顺序编程特性。在阅读完本章后，相信你会理解为什么Go语言会被称为"更好的C语言"。

在本章中我们会自然涉及一些C语言的知识。如果你之前没有学过C语言，也没关系，对于Go语言的整体理解并不会有太大的影响，但如果之前学过C语言，那么你将会更具体地理解Go语言相比C语言的众多革新之处。

2.1 变量

变量是几乎所有编程语言中最基本的组成元素。从根本上说，变量相当于是对一块数据存储空间的命名，程序可以通过定义一个变量来申请一块数据存储空间，之后可以通过引用变量名来使用这块存储空间。

Go语言中的变量使用方式与C语言接近，但具备更大的灵活性。

2.1.1 变量声明

Go语言的变量声明方式与C和C++语言有明显的不同。对于纯粹的变量声明，Go语言引入了关键字var，而类型信息放在变量名之后，示例如下：

```go
var v1 int
var v2 string
var v3 [10]int          // 数组
var v4 []int            // 数组切片
var v5 struct {
    f int
}
var v6 *int             // 指针
var v7 map[string]int   // map，key为string类型，value为int类型
var v8 func(a int) int
```

变量声明语句不需要使用分号作为结束符。与C语言相比，Go语言摒弃了语句必须以分号作为语句结束标记的习惯。

var关键字的另一种用法是可以将若干个需要声明的变量放置在一起，免得程序员需要重复写var关键字，如下所示：

```
var (
    v1 int
    v2 string
)
```

2.1.2　变量初始化

对于声明变量时需要进行初始化的场景，var关键字可以保留，但不再是必要的元素，如下所示：

```
var v1 int = 10 // 正确的使用方式1
var v2 = 10     // 正确的使用方式2，编译器可以自动推导出v2的类型
v3 := 10        // 正确的使用方式3，编译器可以自动推导出v3的类型
```

以上三种用法的效果是完全一样的（除了第三种声明方式不能用于声明全局变量）。与第一种用法相比，第三种用法需要输入的字符数大大减少，是懒程序员和聪明程序员的最佳选择。这里Go语言也引入了另一个C和C++中没有的符号（冒号和等号的组合 := ），用于明确表达同时进行变量声明和初始化的工作。

指定类型已不再是必需的，Go编译器可以从初始化表达式的右值推导出该变量应该声明为哪种类型，这让Go语言看起来有点像动态类型语言，尽管Go语言实际上是不折不扣的强类型语言（静态类型语言）。

当然，出现在 := 左侧的变量不应该是已经被声明过的，否则会导致编译错误，比如下面这个写法：

```
var i int
i := 2
```

会导致类似如下的编译错误：

```
no new variables on left side of :=
```

2.1.3　变量赋值

在Go语法中，变量初始化和变量赋值是两个不同的概念。下面为声明一个变量之后的赋值过程：

```
var v10 int
v10 = 123
```

Go语言的变量赋值与多数语言一致，但Go语言中提供了C/C++程序员期盼多年的多重赋值功能，比如下面这个交换i和j变量的语句：

```
i, j = j, i
```

在不支持多重赋值的语言中，交互两个变量的内容需要引入一个中间变量：

```
t = i; i = j; j = t;
```

多重赋值的特性在Go语言库的实现中也被使用得相当充分，在介绍函数的多重返回值时，将对其进行更加深入的介绍。总而言之，多重赋值功能让Go语言与C/C++语言相比可以非常明显地减少代码行数。

2.1.4　匿名变量

我们在使用传统的强类型语言编程时，经常会出现这种情况，即在调用函数时为了获取一个值，却因为该函数返回多个值而不得不定义一堆没用的变量。在Go中这种情况可以通过结合使用多重返回和匿名变量来避免这种丑陋的写法，让代码看起来更加优雅。

假设GetName()函数的定义如下，它返回3个值，分别为firstName、lastName和nickName：

```
func GetName() (firstName, lastName, nickName string) {
    return "May", "Chan", "Chibi Maruko"
}
```

若只想获得nickName，则函数调用语句可以用如下方式编写：

```
_, _, nickName := GetName()
```

这种用法可以让代码非常清晰，基本上屏蔽掉了可能混淆代码阅读者视线的内容，从而大幅降低沟通的复杂度和代码维护的难度。

2.2　常量

在Go语言中，常量是指编译期间就已知且不可改变的值。常量可以是数值类型（包括整型、浮点型和复数类型）、布尔类型、字符串类型等。

2.2.1　字面常量

所谓字面常量（literal），是指程序中硬编码的常量，如：

```
-12
3.14159265358979323846    // 浮点类型的常量
3.2+12i                   // 复数类型的常量
true                      // 布尔类型的常量
"foo"                     // 字符串常量
```

在其他语言中，常量通常有特定的类型，比如-12在C语言中会认为是一个int类型的常量。如果要指定一个值为-12的long类型常量，需要写成-12l，这有点违反人们的直观感觉。Go语言的字面常量更接近我们自然语言中的常量概念，它是无类型的。只要这个常量在相应类型的值域范围内，就可以作为该类型的常量，比如上面的常量-12，它可以赋值给int、uint、int32、int64、float32、float64、complex64、complex128等类型的变量。

2.2.2 常量定义

通过const关键字，你可以给字面常量指定一个友好的名字：

```
const Pi float64 = 3.14159265358979323846
const zero = 0.0                    // 无类型浮点常量
const (
    size int64 = 1024
    eof = -1                        // 无类型整型常量
)
const u, v float32 = 0, 3     // u = 0.0, v = 3.0, 常量的多重赋值
const a, b, c = 3, 4, "foo"
// a = 3, b = 4, c = "foo", 无类型整型和字符串常量
```

Go的常量定义可以限定常量类型，但不是必需的。如果定义常量时没有指定类型，那么它与字面常量一样，是无类型常量。

常量定义的右值也可以是一个在编译期运算的常量表达式，比如

```
const mask = 1 << 3
```

由于常量的赋值是一个编译期行为，所以右值不能出现任何需要运行期才能得出结果的表达式，比如试图以如下方式定义常量就会导致编译错误：

```
const Home = os.GetEnv("HOME")
```

原因很简单，os.GetEnv()只有在运行期才能知道返回结果，在编译期并不能确定，所以无法作为常量定义的右值。

2.2.3 预定义常量

Go语言预定义了这些常量：true、false和iota。

iota比较特殊，可以被认为是一个可被编译器修改的常量，在每一个const关键字出现时被重置为0，然后在下一个const出现之前，每出现一次iota，其所代表的数字会自动增1。

从以下的例子可以基本理解iota的用法：

```
const (                    // iota被重设为0
    c0 = iota              // c0 == 0
    c1 = iota              // c1 == 1
    c2 = iota              // c2 == 2
)

const (
    a = 1 << iota          // a == 1 (iota在每个const开头被重设为0)
    b = 1 << iota          // b == 2
    c = 1 << iota          // c == 4
)

const (
    u       = iota * 42    // u == 0
    v float64 = iota * 42  // v == 42.0
```

```
    w            = iota * 42    // w == 84
)
const x = iota              // x == 0 (因为iota又被重设为0了)
const y = iota              // y == 0 (同上)
```

如果两个const的赋值语句的表达式是一样的，那么可以省略后一个赋值表达式。因此，上面的前两个const语句可简写为：

```
const (                     // iota被重设为0
    c0 = iota               // c0 == 0
    c1                      // c1 == 1
    c2                      // c2 == 2
)

const (
    a = 1 <<iota            // a == 1 (iota在每个const开头被重设为0)
    b                       // b == 2
    c                       // c == 4
)
```

2.2.4 枚举

枚举指一系列相关的常量，比如下面关于一个星期中每天的定义。通过上一节的例子，我们看到可以用在const后跟一对圆括号的方式定义一组常量，这种定义法在Go语言中通常用于定义枚举值。Go语言并不支持众多其他语言明确支持的enum关键字。

下面是一个常规的枚举表示法，其中定义了一系列整型常量：

```
const (
    Sunday = iota
    Monday
    Tuesday
    Wednesday
    Thursday
    Friday
    Saturday
    numberOfDays            // 这个常量没有导出
)
```

同Go语言的其他符号（symbol）一样，以大写字母开头的常量在包外可见。

以上例子中numberOfDays为包内私有，其他符号则可被其他包访问。

2.3 类型

Go语言内置以下这些基础类型：

❑ 布尔类型：bool。

❑ 整型：int8、byte、int16、int、uint、uintptr等。

❑ 浮点类型：float32、float64。

❑ 复数类型：`complex64`、`complex128`。

❑ 字符串：`string`。

❑ 字符类型：`rune`。

❑ 错误类型：`error`。

此外，Go语言也支持以下这些复合类型：

❑ 指针（pointer）

❑ 数组（array）

❑ 切片（slice）

❑ 字典（map）

❑ 通道（chan）

❑ 结构体（struct）

❑ 接口（interface）

关于错误类型，我们会在"错误处理"一节中介绍；关于通道，我们会在4.5节中进一步介绍；关于结构体和接口，我们则在第3章中进行详细的阐述。

在这些基础类型之上Go还封装了下面这几种类型：`int`、`uint`和`uintptr`等。这些类型的特点在于使用方便，但使用者不能对这些类型的长度做任何假设。对于常规的开发来说，用`int`和`uint`就可以了，没必要用`int8`之类明确指定长度的类型，以免导致移植困难。

2.3.1 布尔类型

Go语言中的布尔类型与其他语言基本一致，关键字也为`bool`，可赋值为预定义的`true`和`false`示例代码如下：

```
var v1 bool
v1 = true
v2 := (1 == 2) // v2也会被推导为bool类型
```

布尔类型不能接受其他类型的赋值，不支持自动或强制的类型转换。以下的示例是一些错误的用法，会导致编译错误：

```
var b bool
b = 1 // 编译错误
b = bool(1) // 编译错误
```

以下的用法才是正确的：

```
var b bool
b = (1!=0) // 编译正确
fmt.Println("Result:", b) // 打印结果为Result: true
```

2.3.2 整型

整型是所有编程语言里最基础的数据类型。Go语言支持表2-1所示的这些整型类型。

表   2-1

类 型	长度（字节）	值 范 围
int8	1	−128 ~ 127
uint8（即byte）	1	0 ~ 255
int16	2	−32 768 ~ 32 767
uint16	2	0 ~ 65 535
int32	4	−2 147 483 648 ~ 2 147 483 647
uint32	4	0 ~ 4 294 967 295
int64	8	−9 223 372 036 854 775 808 ~ 9 223 372 036 854 775 807
uint64	8	0 ~ 18 446 744 073 709 551 615
int	平台相关	平台相关
uint	平台相关	平台相关
uintptr	同指针	在32位平台下为4字节，64位平台下为8字节

1. 类型表示

需要注意的是，int和int32在Go语言里被认为是两种不同的类型，编译器也不会帮你自动做类型转换，比如以下的例子会有编译错误：

```
var value2 int32
value1 := 64    // value1将会被自动推导为int类型
value2 = value1 // 编译错误
```

编译错误类似于：

```
cannot use value1 (type int) as type int32 in assignment。
```

使用强制类型转换可以解决这个编译错误：

```
value2 = int32(value1) // 编译通过
```

当然，开发者在做强制类型转换时，需要注意数据长度被截短而发生的数据精度损失（比如将浮点数强制转为整数）和值溢出（值超过转换的目标类型的值范围时）问题。

2. 数值运算

Go语言支持下面的常规整数运算：+、−、*、/和%。加减乘除就不详细解释了，需要说下的是，% 和在C语言中一样是求余运算，比如：

```
5 % 3 // 结果为：2
```

3. 比较运算

Go语言支持以下的几种比较运算符：>、<、==、>=、<=和!=。这一点与大多数其他语言相同，与C语言完全一致。

下面为条件判断语句的例子：

```
i, j := 1, 2
if i == j {
    fmt.Println("i and j are equal.")
}
```

两个不同类型的整型数不能直接比较，比如int8类型的数和int类型的数不能直接比较，但各种类型的整型变量都可以直接与字面常量（literal）进行比较，比如：

```
var i int32
var j int64

i, j = 1, 2

if i == j {        // 编译错误
    fmt.Println("i and j are equal.")
}

if i == 1 || j == 2 { // 编译通过
    fmt.Println("i and j are equal.")
}
```

4. 位运算

Go语言支持表2-2所示的位运算符。

表　2-2

运　算	含　义	样　例	
x << y	左移	124 << 2	//结果为496
x >> y	右移	124 >> 2	//结果为31
x ^ y	异或	124 ^ 2	//结果为126
x & y	与	124 & 2	//结果为0
x | y	或	124 | 2	//结果为126
^x	取反	^2	//结果为–3

Go语言的大多数位运算符与C语言都比较类似，除了取反在C语言中是~x，而在Go语言中是^x。

2.3.3　浮点型

浮点型用于表示包含小数点的数据，比如1.234就是一个浮点型数据。Go语言中的浮点类型采用IEEE-754标准的表达方式。

1. 浮点数表示

Go语言定义了两个类型float32和float64，其中float32等价于C语言的float类型，float64等价于C语言的double类型。

在Go语言里，定义一个浮点数变量的代码如下：

```
var fvalue1 float32

fvalue1 = 12
fvalue2 := 12.0 // 如果不加小数点，fvalue2会被推导为整型而不是浮点型
```

对于以上例子中类型被自动推导的`fvalue2`，需要注意的是其类型将被自动设为`float64`，而不管赋给它的数字是否是用32位长度表示的。因此，对于以上的例子，下面的赋值将导致编译错误：

```
fvalue1 = fvalue2
```

而必须使用这样的强制类型转换：

```
fvalue1 = float32(fvalue2)
```

2. 浮点数比较

因为浮点数不是一种精确的表达方式，所以像整型那样直接用`==`来判断两个浮点数是否相等是不可行的，这可能会导致不稳定的结果。

下面是一种推荐的替代方案：

```
import "math"

// p为用户自定义的比较精度，比如0.00001
func IsEqual(f1, f2, p float64) bool {
    return math.Abs(f1-f2) < p
}
```

2.3.4 复数类型

复数实际上由两个实数（在计算机中用浮点数表示）构成，一个表示实部（real），一个表示虚部（imag）。如果了解了数学上的复数是怎么回事，那么Go语言的复数就非常容易理解了。

1. 复数表示

复数表示的示例如下：

```
var value1 complex64          // 由2个float32构成的复数类型

value1 = 3.2 + 12i
value2 := 3.2 + 12i           // value2是complex128类型
value3 := complex(3.2, 12)    // value3结果同 value2
```

2. 实部与虚部

对于一个复数`z = complex(x, y)`，就可以通过Go语言内置函数`real(z)`获得该复数的实部，也就是x，通过`imag(z)`获得该复数的虚部，也就是y。

更多关于复数的函数，请查阅`math/cmplx`标准库的文档。

2.3.5 字符串

在Go语言中，字符串也是一种基本类型。相比之下， C/C++语言中并不存在原生的字符串类型，通常使用字符数组来表示，并以字符指针来传递。

Go语言中字符串的声明和初始化非常简单，举例如下：

```
var str string     // 声明一个字符串变量
```

```
str = "Hello world"  // 字符串赋值
ch := str[0]          // 取字符串的第一个字符
fmt.Printf("The length of \"%s\" is %d \n", str, len(str))
fmt.Printf("The first character of \"%s\" is %c.\n", str, ch)
```

输出结果为:

```
The length of "Hello world" is 11
The first character of "Hello world" is H.
```

字符串的内容可以用类似于数组下标的方式获取,但与数组不同,字符串的内容不能在初始化后被修改,比如以下的例子:

```
str := "Hello world" // 字符串也支持声明时进行初始化的做法
str[0] = 'X'          // 编译错误
```

编译器会报类似如下的错误:

```
cannot assign to str[0]
```

在这个例子中我们使用了一个Go语言内置的函数len()来取字符串的长度。这个函数非常有用,我们在实际开发过程中处理字符串、数组和切片时将会经常用到。

本节中我们还顺便示范了Printf()函数的用法。有C语言基础的读者会发现,Printf()函数的用法与C语言运行库中的printf()函数如出一辙。读者在以后学习更多的Go语言特性时,可以配合使用Println()和Printf()来打印各种自己感兴趣的信息,从而让学习过程更加直观、有趣。

Go编译器支持UTF-8的源代码文件格式。这意味着源代码中的字符串可以包含非ANSI的字符,比如"Hello world. 你好,世界!"可以出现在Go代码中。但需要注意的是,如果你的Go代码需要包含非ANSI字符,保存源文件时请注意编码格式必须选择UTF-8。特别是在Windows下一般编辑器都默认存为本地编码,比如中国地区可能是GBK编码而不是UTF-8,如果没注意这点在编译和运行时就会出现一些意料之外的情况。

字符串的编码转换是处理文本文档(比如TXT、XML、HTML等)非常常见的需求,不过可惜的是Go语言仅支持UTF-8和Unicode编码。对于其他编码,Go语言标准库并没有内置的编码转换支持。不过,所幸的是我们可以很容易基于iconv库用Cgo包装一个。这里有一个开源项目:https://github.com/xushiwei/go-iconv。

1. 字符串操作

平时常用的字符串操作如表2-3所示。

表 2-3

运　算	含　义	样　例
x + y	字符串连接	"Hello" + "123"　// 结果为Hello123
len(s)	字符串长度	len("Hello")　// 结果为5
s[i]	取字符	"Hello" [1]　// 结果为'e'

更多的字符串操作,请参考标准库strings包。

2. 字符串遍历

Go语言支持两种方式遍历字符串。一种是以字节数组的方式遍历：

```
str := "Hello, 世界"
n := len(str)
for i := 0; i < n; i++ {
    ch := str[i] // 依据下标取字符串中的字符，类型为byte
    fmt.Println(i, ch)
}
```

这个例子的输出结果为：

```
0 72
1 101
2 108
3 108
4 111
5 44
6 32
7 228
8 184
9 150
10 231
11 149
12 140
```

可以看出，这个字符串长度为13。尽管从直观上来说，这个字符串应该只有9个字符。这是因为每个中文字符在UTF-8中占3个字节，而不是1个字节。

另一种是以Unicode字符遍历：

```
str := "Hello,世界"
for i, ch := range str {
    fmt.Println(i, ch)//ch的类型为rune
}
```

输出结果为：

```
0 72
1 101
2 108
3 108
4 111
5 44
6 32
7 19990
10 30028
```

以Unicode字符方式遍历时，每个字符的类型是rune（早期的Go语言用int类型表示Unicode字符），而不是byte。

2.3.6   字符类型

在Go语言中支持两个字符类型，一个是byte（实际上是uint8的别名），代表UTF-8字符串的单个字节的值；另一个是rune，代表单个Unicode字符。

关于rune相关的操作，可查阅Go标准库的unicode包。另外unicode/utf8包也提供了UTF8和Unicode之间的转换。

出于简化语言的考虑，Go语言的多数API都假设字符串为UTF-8编码。尽管Unicode字符在标准库中有支持，但实际上较少使用。

2.3.7 数组

数组是Go语言编程中最常用的数据结构之一。顾名思义，数组就是指一系列同一类型数据的集合。数组中包含的每个数据被称为数组元素（element），一个数组包含的元素个数被称为数组的长度。

以下为一些常规的数组声明方法：

```
[32]byte                      // 长度为32的数组，每个元素为一个字节
[2*N] struct { x, y int32 }   // 复杂类型数组
[1000]*float64                // 指针数组
[3][5]int                     // 二维数组
[2][2][2]float64              // 等同于[2]([2]([2]float64))
```

从以上类型也可以看出，数组可以是多维的，比如[3][5]int就表达了一个3行5列的二维整型数组，总共可以存放15个整型元素。

在Go语言中，数组长度在定义后就不可更改，在声明时长度可以为一个常量或者一个常量表达式（常量表达式是指在编译期即可计算结果的表达式）。数组的长度是该数组类型的一个内置常量，可以用Go语言的内置函数len()来获取。下面是一个获取数组arr元素个数的写法：

```
arrLength := len(arr)
```

1. 元素访问

可以使用数组下标来访问数组中的元素。与C语言相同，数组下标从0开始，len(array)-1则表示最后一个元素的下标。下面的示例遍历整型数组并逐个打印元素内容：

```
for i := 0; i < len(array); i++ {
    fmt.Println("Element", i, "of array is", array[i])
}
```

Go语言还提供了一个关键字range，用于便捷地遍历容器中的元素。当然，数组也是range的支持范围。上面的遍历过程可以简化为如下的写法：

```
for i, v := range array {
    fmt.Println("Array element[", i, "]=", v)
}
```

在上面的例子里可以看到，range具有两个返回值，第一个返回值是元素的数组下标，第二个返回值是元素的值。

2. 值类型

需要特别注意的是，在Go语言中数组是一个值类型（value type）。所有的值类型变量在赋值

和作为参数传递时都将产生一次复制动作。如果将数组作为函数的参数类型，则在函数调用时该参数将发生数据复制。因此，在函数体中无法修改传入的数组的内容，因为函数内操作的只是所传入数组的一个副本。

下面用例子来说明这一特点：

```go
package main

import "fmt"

func modify(array [5]int) {
    array[0] = 10          // 试图修改数组的第一个元素
    fmt.Println("In modify(), array values:", array)
}

func main() {
    array := [5]int{1,2,3,4,5} // 定义并初始化一个数组

    modify(array)            // 传递给一个函数，并试图在函数体内修改这个数组内容

    fmt.Println("In main(), array values:", array)
}
```

该程序的执行结果为：

```
In modify(), array values: [10 2 3 4 5]
In main(), array values: [1 2 3 4 5]
```

从执行结果可以看出，函数modify()内操作的那个数组跟main()中传入的数组是两个不同的实例。那么，如何才能在函数内操作外部的数据结构呢？我们将在2.3.8节中详细介绍如何用数组切片功能来达成这个目标。

2.3.8   数组切片

在前一节里我们已经提过数组的特点：数组的长度在定义之后无法再次修改；数组是值类型，每次传递都将产生一份副本。显然这种数据结构无法完全满足开发者的真实需求。

不用失望，Go语言提供了数组切片（slice）这个非常酷的功能来弥补数组的不足。

初看起来，数组切片就像一个指向数组的指针，实际上它拥有自己的数据结构，而不仅仅是个指针。数组切片的数据结构可以抽象为以下3个变量：

　　❏ 一个指向原生数组的指针；

　　❏ 数组切片中的元素个数；

　　❏ 数组切片已分配的存储空间。

从底层实现的角度来看，数组切片实际上仍然使用数组来管理元素，因此它们之间的关系让C++程序员们很容易联想起STL中std::vector和数组的关系。基于数组，数组切片添加了一系列管理功能，可以随时动态扩充存放空间，并且可以被随意传递而不会导致所管理的元素被重复复制。

1. 创建数组切片

创建数组切片的方法主要有两种——基于数组和直接创建，下面我们来简要介绍一下这两种方法。

基于数组

数组切片可以基于一个已存在的数组创建。数组切片可以只使用数组的一部分元素或者整个数组来创建。代码清单2-1演示了如何基于一个数组的前5个元素创建一个数组切片。

代码清单2-1　slice.go

```go
package main

import "fmt"

func main() {
    // 先定义一个数组
    var myArray [10]int = [10]int{1, 2, 3, 4, 5, 6, 7, 8, 9, 10}

    // 基于数组创建一个数组切片
    var mySlice []int = myArray[:5]

    fmt.Println("Elements of myArray: ")
    for _, v := range myArray {
        fmt.Print(v, " ")
    }

    fmt.Println("\nElements of mySlice: ")

    for _, v := range mySlice {
        fmt.Print(v, " ")
    }

    fmt.Println()
}
```

运行结果为：

```
Elements of myArray:
1 2 3 4 5 6 7 8 9 10
Elements of mySlice:
1 2 3 4 5
```

读者应该已经注意到，Go语言支持用`myArray[first:last]`这样的方式来基于数组生成一个数组切片，而且这个用法还很灵活，比如下面几种都是合法的。

基于`myArray`的所有元素创建数组切片：

```go
mySlice = myArray[:]
```

基于`myArray`的前5个元素创建数组切片：

```go
mySlice = myArray[:5]
```

基于从第5个元素开始的所有元素创建数组切片：

```
mySlice = myArray[5:]
```

直接创建

并非一定要事先准备一个数组才能创建数组切片。Go语言提供的内置函数make()可以用于灵活地创建数组切片。下面的例子示范了直接创建数组切片的各种方法。

创建一个初始元素个数为5的数组切片，元素初始值为0：

```
mySlice1 := make([]int, 5)
```

创建一个初始元素个数为5的数组切片，元素初始值为0，并预留10个元素的存储空间：

```
mySlice2 := make([]int, 5, 10)
```

直接创建并初始化包含5个元素的数组切片：

```
mySlice3 := []int{1, 2, 3, 4, 5}
```

当然，事实上还会有一个匿名数组被创建出来，只是不需要我们来操心而已。

2. 元素遍历

操作数组元素的所有方法都适用于数组切片，比如数组切片也可以按下标读写元素，用len()函数获取元素个数，并支持使用range关键字来快速遍历所有元素。

传统的元素遍历方法如下：

```
for i := 0; i <len(mySlice); i++ {
    fmt.Println("mySlice[", i, "] =", mySlice[i])
}
```

使用range关键字可以让遍历代码显得更整洁。range表达式有两个返回值，第一个是索引，第二个是元素的值：

```
for i, v := range mySlice {
    fmt.Println("mySlice[", i, "] =", v)
}
```

对比上面的两个方法，我们可以很容易地看出使用range的代码更简单易懂。

3. 动态增减元素

可动态增减元素是数组切片比数组更为强大的功能。与数组相比，数组切片多了一个存储能力（capacity）的概念，即元素个数和分配的空间可以是两个不同的值。合理地设置存储能力的值，可以大幅降低数组切片内部重新分配内存和搬送内存块的频率，从而大大提高程序性能。

假如你明确知道当前创建的数组切片最多可能需要存储的元素个数为50，那么如果你设置的存储能力小于50，比如20，那么在元素超过20时，底层将会发生至少一次这样的动作——重新分配一块"够大"的内存，并且需要把内容从原来的内存块复制到新分配的内存块，这会产生比较明显的开销。给"够大"这两个字加上引号的原因是系统并不知道多大才是够大，所以只是一个简单的猜测。比如，将原有的内存空间扩大两倍，但两倍并不一定够，所以之前提到的内存重新分配和内容复制的过程很有可能发生多次，从而明显降低系统的整体性能。但如果你知道最大是50并且一开始就设置存储能力为50，那么之后就不会发生这样非常耗费CPU的动作，从而达到空间换时间的效果。

　　数组切片支持Go语言内置的cap()函数和len()函数，代码清单2-2简单示范了这两个内置函数的用法。可以看出，cap()函数返回的是数组切片分配的空间大小，而len()函数返回的是数组切片中当前所存储的元素个数。

代码清单2-2　slice2.go

```go
package main

import "fmt"

func main() {
    mySlice := make([]int, 5, 10)

    fmt.Println("len(mySlice):", len(mySlice))
    fmt.Println("cap(mySlice):", cap(mySlice))
}
```

该程序的输出结果为：

```
len(mySlice): 5
cap(mySlice): 10
```

　　如果需要往上例中mySlice已包含的5个元素后面继续新增元素，可以使用append()函数。下面的代码可以从尾端给mySlice加上3个元素，从而生成一个新的数组切片：

```go
mySlice = append(mySlice, 1, 2, 3)
```

　　函数append()的第二个参数其实是一个不定参数，我们可以按自己需求添加若干个元素，甚至直接将一个数组切片追加到另一个数组切片的末尾：

```go
mySlice2 := []int{8, 9, 10}
// 给mySlice后面添加另一个数组切片
mySlice = append(mySlice, mySlice2...)
```

需要注意的是，我们在第二个参数mySlice2后面加了三个点，即一个省略号，如果没有这个省略号的话，会有编译错误，因为按append()的语义，从第二个参数起的所有参数都是待附加的元素。因为mySlice中的元素类型为int，所以直接传递mySlice2是行不通的。加上省略号相当于把mySlice2包含的所有元素打散后传入。

　　上述调用等同于：

```go
mySlice = append(mySlice, 8, 9, 10)
```

　　数组切片会自动处理存储空间不足的问题。如果追加的内容长度超过当前已分配的存储空间（即cap()调用返回的信息），数组切片会自动分配一块足够大的内存。

4. 基于数组切片创建数组切片

　　类似于数组切片可以基于一个数组创建，数组切片也可以基于另一个数组切片创建。下面的例子基于一个已有数组切片创建新数组切片：

```
oldSlice := []int{1, 2, 3, 4, 5}
newSlice := oldSlice[:3] // 基于oldSlice的前3个元素构建新数组切片
```

有意思的是，选择的oldSlicef元素范围甚至可以超过所包含的元素个数，比如newSlice可以基于oldSlice的前6个元素创建，虽然oldSlice只包含5个元素。只要这个选择的范围不超过oldSlice存储能力（即cap()返回的值），那么这个创建程序就是合法的。newSlice中超出oldSlice元素的部分都会填上0。

5. 内容复制

数组切片支持Go语言的另一个内置函数copy()，用于将内容从一个数组切片复制到另一个数组切片。如果加入的两个数组切片不一样大，就会按其中较小的那个数组切片的元素个数进行复制。下面的示例展示了copy()函数的行为：

```
slice1 := []int{1, 2, 3, 4, 5}
slice2 := []int{5, 4, 3}

copy(slice2, slice1) // 只会复制slice1的前3个元素到slice2中
copy(slice1, slice2) // 只会复制slice2的3个元素到slice1的前3个位置
```

2.3.9   map

在C++/Java中，map一般都以库的方式提供，比如在C++中是STL的std::map<>，在C#中是Dictionary<>，在Java中是Hashmap<>，在这些语言中，如果要使用map，事先要引用相应的库。而在Go中，使用map不需要引入任何库，并且用起来也更加方便。

map是一堆键值对的未排序集合。比如以身份证号作为唯一键来标识一个人的信息，则这个map可以定义为代码清单 2-3 所示的方式。

代码清单2-3   map1.go

```
package main
import "fmt"

// PersonInfo是一个包含个人详细信息的类型
type PersonInfo struct {
    ID string
    Name string
    Address string
}

func main() {
    var personDB map[string] PersonInfo
    personDB = make(map[string] PersonInfo)

    // 往这个map里插入几条数据
    personDB["12345"] = PersonInfo{"12345", "Tom", "Room 203,..."}
    personDB["1"] = PersonInfo{"1", "Jack", "Room 101,..."}

    // 从这个map查找键为"1234"的信息
    person, ok := personDB["1234"]
```

```
    // ok是一个返回的bool型，返回true表示找到了对应的数据
    if ok {
        fmt.Println("Found person", person.Name, "with ID 1234.")
    } else {
        fmt.Println("Did not find person with ID 1234.")
    }
}
```

上面这个简单的例子基本上已经覆盖了map的主要用法，下面对其中的关键点进行细述。

1. 变量声明

map的声明基本上没有多余的元素，比如：

```
var myMap map[string] PersonInfo
```

其中，myMap是声明的map变量名，string是键的类型，PersonInfo则是其中所存放的值类型。

2. 创建

我们可以使用Go语言内置的函数make()来创建一个新map。下面的这个例子创建了一个键类型为string、值类型为PersonInfo的map：

```
myMap = make(map[string] PersonInfo)
```

也可以选择是否在创建时指定该map的初始存储能力，下面的例子创建了一个初始存储能力为100的map：

```
myMap = make(map[string] PersonInfo, 100)
```

关于存储能力的说明，可以参见2.3.6节中的内容。

创建并初始化map的代码如下：

```
myMap = map[string] PersonInfo{
    "1234": PersonInfo{"1", "Jack", "Room 101,..."},
}
```

3. 元素赋值

赋值过程非常简单明了，就是将键和值用下面的方式对应起来即可：

```
myMap["1234"] = PersonInfo{"1", "Jack", "Room 101,..."}
```

4. 元素删除

Go语言提供了一个内置函数delete()，用于删除容器内的元素。下面我们简单介绍一下如何用delete()函数删除map内的元素：

```
delete(myMap, "1234")
```

上面的代码将从myMap中删除键为"1234"的键值对。如果"1234"这个键不存在，那么这个调用将什么都不发生，也不会有什么副作用。但是如果传入的map变量的值是nil，该调用将导致程序抛出异常（panic）。

5. 元素查找

在Go语言中，map的查找功能设计得比较精巧。而在其他语言中，我们要判断能否获取到一

个值不是件容易的事情。判断能否从map中获取一个值的常规做法是：

(1) 声明并初始化一个变量为空；

(2) 试图从map中获取相应键的值到该变量中；

(3) 判断该变量是否依旧为空，如果为空则表示map中没有包含该变量。

这种用法比较啰唆，而且判断变量是否为空这条语句并不能真正表意（是否成功取到对应的值），从而影响代码的可读性和可维护性。有些库甚至会设计为因为一个键不存在而抛出异常，让开发者用起来胆战心惊，不得不一层层嵌套try-catch语句，这更是不人性化的设计。在Go语言中，要从map中查找一个特定的键，可以通过下面的代码来实现：

```
value, ok := myMap["1234"]
if ok { // 找到了
    // 处理找到的value
}
```

判断是否成功找到特定的键，不需要检查取到的值是否为nil，只需查看第二个返回值ok，这让表意清晰很多。配合:=操作符，让你的代码没有多余成分，看起来非常清晰易懂。

2.4   流程控制

程序设计语言的流程控制语句，用于设定计算执行的次序，建立程序的逻辑结构。可以说，流程控制语句是整个程序的骨架。

从根本上讲，流程控制只是为了控制程序语句的执行顺序，一般需要与各种条件配合，因此，在各种流程中，会加入条件判断语句。流程控制语句一般起以下3个作用：

❑ 选择，即根据条件跳转到不同的执行序列；

❑ 循环，即根据条件反复执行某个序列，当然每一次循环执行的输入输出可能会发生变化；

❑ 跳转，即根据条件返回到某执行序列。

Go语言支持如下的几种流程控制语句：

❑ 条件语句，对应的关键字为if、else和else if；

❑ 选择语句，对应的关键字为switch、case和select（将在介绍channel的时候细说）；

❑ 循环语句，对应的关键字为for和range；

❑ 跳转语句，对应的关键字为goto。

在具体的应用场景中，为了满足更丰富的控制需求，Go语言还添加了如下关键字：break、continue和fallthrough。在实际的使用中，需要根据具体的逻辑目标、程序执行的时间和空间限制、代码的可读性、编译器的代码优化设定等多种因素，灵活组合。

接下来简要介绍一下各种流程控制功能的用法以及需要注意的要点。

2.4.1   条件语句

关于条件语句的样例代码如下：

```
if a < 5 {
    return 0
} else {
    return 1
}
```

关于条件语句，需要注意以下几点：

❑ 条件语句不需要使用括号将条件包含起来`()`；

❑ 无论语句体内有几条语句，花括号`{}`都是必须存在的；

❑ 左花括号`{`必须与`if`或者`else`处于同一行；

❑ 在`if`之后，条件语句之前，可以添加变量初始化语句，使用`;`间隔；

❑ 在有返回值的函数中，不允许将"最终的"`return`语句包含在`if...else...`结构中，否则会编译失败：

```
function ends without a return statement。
```

失败的原因在于，Go编译器无法找到终止该函数的`return`语句。编译失败的案例如下：

```
func example(x int) int {
    if x == 0 {
        return 5
    } else {
        return x
    }
}
```

2.4.2 选择语句

根据传入条件的不同，选择语句会执行不同的语句。下面的例子根据传入的整型变量`i`的不同而打印不同的内容：

```
switch i {
    case 0:
        fmt.Printf("0")
    case 1:
        fmt.Printf("1")
    case 2:
        fallthrough
    case 3:
        fmt.Printf("3")
    case 4, 5, 6:
        fmt.Printf("4, 5, 6")
    default:
        fmt.Printf("Default")
}
```

运行上面的案例，将会得到如下结果：

❑ `i = 0`时，输出`0`；

❑ `i = 1`时，输出`1`；

❑ `i = 2`时，输出`3`；

- ❑ i = 3时，输出3；
- ❑ i = 4时，输出4, 5, 6；
- ❑ i = 5时，输出4, 5, 6；
- ❑ i = 6时，输出4, 5, 6；
- ❑ i = 其他任意值时，输出Default。

比较有意思的是，switch后面的表达式甚至不是必需的，比如下面的例子：

```
switch {
    case 0 <= Num && Num <= 3:
        fmt.Printf("0-3")
    case 4 <= Num && Num <= 6:
        fmt.Printf("4-6")
    case 7 <= Num && Num <= 9:
        fmt.Printf("7-9")
}
```

在使用switch结构时，我们需要注意以下几点：

- ❑ 左花括号{必须与switch处于同一行；
- ❑ 条件表达式不限制为常量或者整数；
- ❑ 单个case中，可以出现多个结果选项；
- ❑ 与C语言等规则相反，Go语言不需要用break来明确退出一个case；
- ❑ 只有在case中明确添加fallthrough关键字，才会继续执行紧跟的下一个case；
- ❑ 可以不设定switch之后的条件表达式，在此种情况下，整个switch结构与多个if...else...的逻辑作用等同。

2.4.3　循环语句

与多数语言不同的是，Go语言中的循环语句只支持for关键字，而不支持while和do-while结构。关键字for的基本使用方法与C和C++中非常接近：

```
sum := 0
for i := 0; i < 10; i++ {
    sum += i
}
```

可以看到比较大的一个不同在于for后面的条件表达式不需要用圆括号()包含起来。Go语言还进一步考虑到无限循环的场景，让开发者不用写无聊的for (;;) {} 和 do {} while(1);，而直接简化为如下的写法：

```
sum := 0
for {
    sum++
    if sum > 100 {
        break
    }
}
```

在条件表达式中也支持多重赋值，如下所示：

```
a := []int{1, 2, 3, 4, 5, 6}
for i, j := 0, len(a) - 1; i < j; i, j = i + 1, j - 1 {
    a[i], a[j] = a[j], a[i]
}
```

使用循环语句时，需要注意的有以下几点。

❑ 左花括号{必须与for处于同一行。

❑ Go语言中的for循环与C语言一样，都允许在循环条件中定义和初始化变量，唯一的区别是，Go语言不支持以逗号为间隔的多个赋值语句，必须使用平行赋值的方式来初始化多个变量。

❑ Go语言的for循环同样支持continue和break来控制循环，但是它提供了一个更高级的break，可以选择中断哪一个循环，如下例：

```
JLoop:
// ...
for j := 0; j < 5; j++ {
    for i := 0; i < 10; i++ {
        if i > 5 {
            break JLoop
        }
        fmt.Println(i)
    }
}
```

本例中，break语句终止的是JLoop标签处的外层循环。

2.4.4 跳转语句

goto语句被多数语言学者所反对，谆谆告诫不要使用。但对于Go语言这样一个惜关键字如金的语言来说，居然仍然支持goto关键字，无疑让某些人跌破眼镜。但就个人一年多来的Go语言编程经验来说，goto还是会在一些场合下被证明是最合适的。

goto语句的语义非常简单，就是跳转到本函数内的某个标签，如：

```
func myfunc() {
    i := 0
HERE:
    fmt.Println(i)
    i++
    if i < 10 {
        goto HERE
    }
}
```

2.5 函数

函数构成代码执行的逻辑结构。在Go语言中，函数的基本组成为：关键字func、函数名、参数列表、返回值、函数体和返回语句。

2.5.1　函数定义

前面我们已经大概介绍过函数，这里我们用一个最简单的加法函数来进行详细说明：

```
package mymath
import "errors"

func Add(a int, b int) (ret int, err error) {
    if a < 0 || b < 0 { // 假设这个函数只支持两个非负数字的加法
        err= errors.New("Should be non-negative numbers!")
        return
    }

    return a + b, nil   // 支持多重返回值
}
```

如果参数列表中若干个相邻的参数类型的相同，比如上面例子中的a和b，则可以在参数列表中省略前面变量的类型声明，如下所示：

```
func Add(a, b int)(ret int, err error) {
    // ...
}
```

如果返回值列表中多个返回值的类型相同，也可以用同样的方式合并。

如果函数只有一个返回值，也可以这么写：

```
func Add(a, b int) int {
    // ...
}
```

从其他语言转过来的同学，可能更习惯这种写法。

2.5.2　函数调用

函数调用非常方便，只要事先导入了该函数所在的包，就可以直接按照如下所示的方式调用函数：

```
import "mymath"// 假设Add被放在一个叫mymath的包中
    // ...
c := mymath.Add(1, 2)
```

在Go语言中，函数支持多重返回值，这在之后的内容中会介绍。利用函数的多重返回值和错误处理机制，我们可以很容易地写出优雅美观的Go代码。

Go语言中函数名字的大小写不仅仅是风格，更直接体现了该函数的可见性，这一点尤其需要注意。对于很多注意美感的程序员（尤其是工作在Linux平台上的C程序员）而言，这里的函数名的首字母大写可能会让他们感觉不太适应，在自己练习的时候可能会顺手改成全小写，比如写成add_xxx这样的Linux风格。很不幸的是，如果这样做了，你可能会遇到莫名其妙的编译错误，比如你明明导入了对应的包，Go编译器还是会告诉你无法找到add_xxx函数。

因此需要先牢记这样的规则：小写字母开头的函数只在本包内可见，大写字母开头的函数才能被其他包使用。

这个规则也适用于类型和变量的可见性。

2.5.3 不定参数

在C语言时代大家一般都用过printf()函数，从那个时候开始其实已经在感受不定参数的魅力和价值。如同C语言中的printf()函数，Go语言标准库中的fmt.Println()等函数的实现也严重依赖于语言的不定参数功能。

本节我们将介绍不定参数的用法。合适地使用不定参数，可以让代码简单易用，尤其是输入输出类函数，比如日志函数等。

1. 不定参数类型

不定参数是指函数传入的参数个数为不定数量。为了做到这点，首先需要将函数定义为接受不定参数类型：

```go
func myfunc(args ...int) {
    for _, arg := range args {
        fmt.Println(arg)
    }
}
```

这段代码的意思是，函数myfunc()接受不定数量的参数，这些参数的类型全部是int，所以它可以用如下方式调用：

```
myfunc(2, 3, 4)
myfunc(1, 3, 7, 13)
```

形如...type格式的类型只能作为函数的参数类型存在，并且必须是最后一个参数。它是一个语法糖（syntactic sugar），即这种语法对语言的功能并没有影响，但是更方便程序员使用。通常来说，使用语法糖能够增加程序的可读性，从而减少程序出错的机会。

从内部实现机理上来说，类型...type本质上是一个数组切片，也就是[]type，这也是为什么上面的参数args可以用for循环来获得每个传入的参数。

假如没有...type这样的语法糖，开发者将不得不这么写：

```go
func myfunc2(args []int) {
    for _, arg := range args {
        fmt.Println(arg)
    }
}
```

从函数的实现角度来看，这没有任何影响，该怎么写就怎么写。但从调用方来说，情形则完全不同：

```
myfunc2([]int{1, 3, 7, 13})
```

你会发现，我们不得不加上[]int{}来构造一个数组切片实例。但是有了...type这个语法糖，我们就不用自己来处理了。

2. 不定参数的传递

假设有另一个变参函数叫做myfunc3(args ...int)，下面的例子演示了如何向其传递变参：

```go
func myfunc(args ...int) {

    // 按原样传递
    myfunc3(args...)

    // 传递片段，实际上任意的int slice都可以传进去
    myfunc3(args[1:]...)
}
```

3. 任意类型的不定参数

之前的例子中将不定参数类型约束为int，如果你希望传任意类型，可以指定类型为interface{}。下面是Go语言标准库中fmt.Printf()的函数原型：

```go
func Printf(format string, args ...interface{}) {
    // ...
}
```

用interface{}传递任意类型数据是Go语言的惯例用法。使用interface{}仍然是类型安全的，这和C/C++不太一样。关于它的用法，可参阅3.5节的内容。代码清单2-4示范了如何分派传入interface{}类型的数据。

代码清单2-4   varg1.go

```go
package main

import "fmt"

func MyPrintf(args ...interface{}) {
    for _, arg := range args {
        switch arg.(type) {
            case int:
                fmt.Println(arg, "is an int value.")
            case string:
                fmt.Println(arg, "is a string value.")
            case int64:
                fmt.Println(arg, "is an int64 value.")
            default:
                fmt.Println(arg, "is an unknown type.")
        }
    }
}

func main() {
    var v1 int = 1
    var v2 int64 = 234
    var v3 string = "hello"
    var v4 float32 = 1.234
```

```
        MyPrintf(v1, v2, v3,  v4)
}
```

该程序的输出结果为:

```
1 is an int value.
234 is an int64 value.
hello is a string value.
1.234 is an unknown type.
```

2.5.4　多返回值

与C、C++和Java等开发语言的一个极大不同在于,Go语言的函数或者成员的方法可以有多个返回值,这个特性能够使我们写出比其他语言更优雅、更简洁的代码,比如File.Read()函数就可以同时返回读取的字节数和错误信息。如果读取文件成功,则返回值中的n为读取的字节数,err为nil,否则err为具体的出错信息:

```
func (file *File) Read(b []byte) (n int, err Error)
```

同样,从上面的方法原型可以看到,我们还可以给返回值命名,就像函数的输入参数一样。返回值被命名之后,它们的值在函数开始的时候被自动初始化为空。在函数中执行不带任何参数的return语句时,会返回对应的返回值变量的值。

Go语言并不需要强制命名返回值,但是命名后的返回值可以让代码更清晰,可读性更强,同时也可以用于文档。

如果调用方调用了一个具有多返回值的方法,但是却不想关心其中的某个返回值,可以简单地用一个下划线"_"来跳过这个返回值,比如下面的代码表示调用者在读文件的时候不想关心Read()函数返回的错误码:

```
n, _ := f.Read(buf)
```

2.5.5　匿名函数与闭包

匿名函数是指不需要定义函数名的一种函数实现方式,它并不是一个新概念,最早可以回溯到1958年的Lisp语言。但是由于各种原因,C和C++一直都没有对匿名函数给以支持,其他的各种语言,比如JavaScript、C#和Objective-C等语言都提供了匿名函数特性,当然也包含Go语言。

1. 匿名函数

在Go里面,函数可以像普通变量一样被传递或使用,这与C语言的回调函数比较类似。不同的是,Go语言支持随时在代码里定义匿名函数。

匿名函数由一个不带函数名的函数声明和函数体组成,如下所示:

```
func(a, b int, z float64) bool {
    return a*b <int(z)
}
```

匿名函数可以直接赋值给一个变量或者直接执行:

```
f := func(x, y int) int {
    return x + y
}

func(ch chan int) {
    ch <- ACK
} (reply_chan) // 花括号后直接跟参数列表表示函数调用
```

2. 闭包

Go的匿名函数是一个闭包,下面我们先来了解一下闭包的概念、价值和应用场景。

基本概念

闭包是可以包含自由(未绑定到特定对象)变量的代码块,这些变量不在这个代码块内或者任何全局上下文中定义,而是在定义代码块的环境中定义。要执行的代码块(由于自由变量包含在代码块中,所以这些自由变量以及它们引用的对象没有被释放)为自由变量提供绑定的计算环境(作用域)。

闭包的价值

闭包的价值在于可以作为函数对象或者匿名函数,对于类型系统而言,这意味着不仅要表示数据还要表示代码。支持闭包的多数语言都将函数作为第一级对象,就是说这些函数可以存储到变量中作为参数传递给其他函数,最重要的是能够被函数动态创建和返回。

Go语言中的闭包

Go语言中的闭包同样也会引用到函数外的变量。闭包的实现确保只要闭包还被使用,那么被闭包引用的变量会一直存在,如代码清单2-5所示。

代码清单2-5　closure.go

```
package main

import (
    "fmt"
)

func main() {
    var j int = 5

    a := func()(func()) {
        var i int = 10
        return func() {
            fmt.Printf("i, j: %d, %d\n", i, j)
        }
    }()

    a()

    j *= 2

    a()
}
```

上述例子的执行结果是:

```
i, j: 10, 5
i, j: 10, 10
```

在上面的例子中,变量a指向的闭包函数引用了局部变量i和j,i的值被隔离,在闭包外不能被修改,改变j的值以后,再次调用a,发现结果是修改过的值。

在变量a指向的闭包函数中,只有内部的匿名函数才能访问变量i,而无法通过其他途径访问到,因此保证了i的安全性。

2.6 错误处理

错误处理是学习任何编程语言都需要考虑的一个重要话题。在早期的语言中,错误处理不是语言规范的一部分,通常只作为一种编程范式存在,比如C语言中的errno。但自C++语言以来,语言层面上会增加错误处理的支持,比如异常(exception)的概念和try-catch关键字的引入。Go语言在此功能上考虑得更为深远。漂亮的错误处理规范是Go语言最大的亮点之一。

2.6.1 error 接口

Go语言引入了一个关于错误处理的标准模式,即error接口,该接口的定义如下:

```go
type error interface {
    Error() string
}
```

对于大多数函数,如果要返回错误,大致上都可以定义为如下模式,将error作为多种返回值中的最后一个,但这并非是强制要求:

```go
func Foo(param int)(n int, err error) {
    // ...
}
```

调用时的代码建议按如下方式处理错误情况:

```go
n, err := Foo(0)

if err != nil {
    // 错误处理
} else {
    // 使用返回值n
}
```

下面我用Go库中的实际代码来示范如何使用自定义的error类型。

首先,定义一个用于承载错误信息的类型。因为Go语言中接口的灵活性,你根本不需要从error接口继承或者像Java一样需要使用implements来明确指定类型和接口之间的关系,具体代码如下:

```go
type PathError struct {
    Op    string
```

```
    Path string
    Err  error
}
```

如果这样的话，编译器又怎能知道PathError可以当一个error来传递呢？关键在于下面的代码实现了Error()方法：

```
func (e *PathError) Error() string {
    return e.Op + " " + e.Path + ": " + e.Err.Error()
}
```

关于接口的更多细节，可以参见3.5节。之后就可以直接返回PathError变量了，比如在下面的代码中，当syscall.Stat()失败返回err时，将该err包装到一个PathError对象中返回：

```
func Stat(name string) (fi FileInfo, err error) {
    var stat syscall.Stat_t

    err = syscall.Stat(name, &stat)

    if err != nil {
        return nil, &PathError{"stat", name, err}
    }

    return fileInfoFromStat(&stat, name), nil
}
```

如果在处理错误时获取详细信息，而不仅仅满足于打印一句错误信息，那就需要用到类型转换知识了：

```
fi, err := os.Stat("a.txt")

if err != nil {
    if e, ok := err.(*os.PathError); ok && e.Err != nil {
        // 获取PathError类型变量e中的其他信息并处理
    }
}
```

这就是Go中error类型的使用方法。与其他语言中的异常相比，Go的处理相对比较直观、简单。

关于类型转换的更多知识，在第3章中也会有更进一步的阐述。

2.6.2 defer

关键字defer是Go语言引入的一个非常有意思的特性，相信很多C++程序员都写过类似下面这样的代码：

```
class file_closer {
    FILE _f;
public:
    file_closer(FILE f) : _f(f) {}
    ~file_closer() { if (f) fclose(f); }
};
```

然后在需要使用的地方这么写：

```
void f() {
    FILE f = open_file("file.txt"); // 打开一个文件句柄
    file_closer _closer(f);
    // 对f句柄进行操作
}
```

为什么需要file_closer这么个包装类呢？因为如果没有这个类，代码中所有退出函数的环节，比如每一个可能抛出异常的地方，每一个return的位置，都需要关掉之前打开的文件句柄。即使你头脑清晰，想明白了每一个分支和可能出错的条件，在该关闭的地方都关闭了，怎么保证你的后继者也能做到同样水平？大量莫名其妙的问题就出现了。

在C/C++中还有另一种解决方案。开发者可以将需要释放的资源变量都声明在函数的开头部分，并在函数的末尾部分统一释放资源。函数需要退出时，就必须使用goto语句跳转到指定位置先完成资源清理工作，而不能调用return语句直接返回。

这种方案是可行的，也仍然在被使用着，但存在非常大的维护性问题。而Go语言使用defer关键字简简单单地解决了这个问题，比如以下的例子：

```
func CopyFile(dst, src string) (w int64, err error) {
    srcFile, err := os.Open(src)
    if err != nil {
        return
    }

    defer srcFile.Close()

    dstFile, err := os.Create(dstName)
    if err != nil {
        return
    }

    defer dstFile.Close()

    return io.Copy(dstFile, srcFile)
}
```

即使其中的Copy()函数抛出异常，Go仍然会保证dstFile和srcFile会被正常关闭。

如果觉得一句话干不完清理的工作，也可以使用在defer后加一个匿名函数的做法：

```
defer func() {
    // 做你复杂的清理工作
} ()
```

另外，一个函数中可以存在多个defer语句，因此需要注意的是，defer语句的调用是遵照先进后出的原则，即最后一个defer语句将最先被执行。只不过，当你需要为defer语句到底哪个先执行这种细节而烦恼的时候，说明你的代码架构可能需要调整一下了。

2.6.3 panic()和recover()

Go语言引入了两个内置函数panic()和recover()以报告和处理运行时错误和程序中的错

误场景：

```
func panic(interface{})
func recover() interface{}
```

当在一个函数执行过程中调用panic()函数时，正常的函数执行流程将立即终止，但函数中之前使用defer关键字延迟执行的语句将正常展开执行，之后该函数将返回到调用函数，并导致逐层向上执行panic流程，直至所属的goroutine中所有正在执行的函数被终止。错误信息将被报告，包括在调用panic()函数时传入的参数，这个过程称为错误处理流程。

从panic()的参数类型interface{}我们可以得知，该函数接收任意类型的数据，比如整型、字符串、对象等。调用方法很简单，下面为几个例子：

```
panic(404)
panic("network broken")
panic(Error("file not exists"))
```

recover()函数用于终止错误处理流程。一般情况下，recover()应该在一个使用defer关键字的函数中执行以有效截取错误处理流程。如果没有在发生异常的goroutine中明确调用恢复过程（使用recover关键字），会导致该goroutine所属的进程打印异常信息后直接退出。

以下为一个常见的场景。

我们对于foo()函数的执行要么心里没底感觉可能会触发错误处理，或者自己在其中明确加入了按特定条件触发错误处理的语句，那么可以用如下方式在调用代码中截取recover()：

```
defer func() {
    if r := recover(); r != nil {
        log.Printf("Runtime error caught: %v", r)
    }
}()

foo()
```

无论foo()中是否触发了错误处理流程，该匿名defer函数都将在函数退出时得到执行。假如foo()中触发了错误处理流程，recover()函数执行将使得该错误处理过程终止。如果错误处理流程被触发时，程序传给panic函数的参数不为nil，则该函数还会打印详细的错误信息。

2.7 完整示例

现在我们用从本章学到的知识来实现一个完整的程序。我们准备开发一个排序算法的比较程序，从命令行指定输入的数据文件和输出的数据文件，并指定对应的排序算法。该程序的用法如下所示：

```
USAGE: sorter -i <in> -o <out> -a <qsort|bubblesort>
```

一个具体的执行过程如下：

```
$ ./sorter -I in.dat -o out.dat -a qsort
The sorting process costs 10us to complete.
```

当然，如果输入不合法，应该给出对应的提示，接下来我们一步步实现这个程序。

2.7.1　程序结构

我们将该函数分为两类：主程序和排序算法函数。每个排序算法都包装成一个静态库，虽然现在看起来似乎有些多此一举，但这只是为了顺便演示包之间的依赖方法。

假设我们的程序根目录为~/goyard/sorter，因此需要在环境变量GOPATH中添加这个路径。根目录的结构如下：

```
<sorter>
    ├─<src>
        ├─<sorter>
            ├─sorter.go
        ├─<algorithms>
            ├─<qsort>
                ├─qsort.go
                ├─qsort_test.go
            ├─<bubblesort>
                ├─bubblesort.go
                ├─bubblesort_test.go
    ├─<pkg>
    ├─<bin>
```

其中sorter.go是主程序，qsort.go用于实现快速排序，bubblesort.go用于实现冒泡排序。

下面我们先定义一下排序算法函数的函数原型：

```
func QuickSort(in []int)[]int

func BubbleSort(in []int)[]int
```

2.7.2　主程序

我们的主程序需要做的工作包含以下几点：

- ❑ 获取并解析命令行输入；
- ❑ 从对应文件中读取输入数据；
- ❑ 调用对应的排序函数；
- ❑ 将排序的结果输出到对应的文件中；
- ❑ 打印排序所花费时间的信息。

接下来我们一步步地编写程序。

1. 命令行参数

Go语言标准库提供了用于快迅解析命令行参数的flag包。对于本示例的参数需求，我们可以利用flag包进行实现，如代码清单2-6所示。

代码清单2-6　sorter.go

```
package main

import "flag"
```

```
import "fmt"

var infile *string = flag.String("i", "infile", "File contains values for sorting")
var outfile *string = flag.String("o", "outfile", "File to receive sorted values")
var algorithm *string = flag.String("a", "qsort", "Sort algorithm")

func main() {
    flag.Parse()

    if infile != nil {
        fmt.Println("infile =", *infile, "outfile =", *outfile, "algorithm =",
            *algorithm)
    }
}
```

因为这个程序需要输入参数，所以我们不能直接用go run来跑，而是需要先编译出二进制程序。可以用go build来完成这个过程：

```
$ go build sorter.go
$ ./sorter -i unsorted.dat -o sorted.dat -a bubblesort
infile = unsorted.dat outfile = sorted.dat algorithm = bubblesort
```

可以看到，传入的各个命令行参数已经被正确读取到各个变量中。flag包使用起来非常方便，大大简化了C语言时代解析命令行参数的过程。

2. 读取输入文件

我们需要先从一个文件中把包含的内容读取到数组中，将该数组排好序后再写回到另一个文件中，因此还需要学习如何在Go语言中操作文件。

我们先设计输入文件的格式。输入文件是一个纯文本文件，每一行是一个需要被排序的数字。下面是一个示例的unsorted.dat文件内容：

```
123
3064
3
64
490
```

然后需要逐行从这个文件中读取内容，并解析为int类型的数据，再添加到一个int类型的数组切片中。接下来我们实现这部分功能，如代码清单2-7所示。

代码清单2-7 sorter.go

```
package main

import "bufio"
import "flag"
import "fmt"
import "io"
import "os"
import "strconv"

var infile *string = flag.String("i", "unsorted.dat", "File contains values for sorting")
```

```go
var outfile *string = flag.String("o", "sorted.dat", "File to receive sorted values")
var algorithm *string = flag.String("a", "qsort", "Sort algorithm")

func readValues(infile string)(values []int, err error) {
    file, err := os.Open(infile)
    if err != nil {
        fmt.Println("Failed to open the input file ", infile)
        return
    }

    defer file.Close()

    br := bufio.NewReader(file)

    values = make([]int, 0)

    for {
        line, isPrefix, err1 := br.ReadLine()

        if err1 != nil {
            if err1 != io.EOF {
                err = err1
            }
            break
        }

        if isPrefix {
            fmt.Println("A too long line, seems unexpected.")
            return
        }

        str := string(line) // 转换字符数组为字符串

        value, err1 := strconv.Atoi(str)

        if err1 != nil {
            err = err1
            return
        }

        values = append(values, value)
    }
    return
}

func main() {
    flag.Parse()

    if infile != nil {
        fmt.Println("infile =", *infile, "outfile =", *outfile, "algorithm =", *algorithm)
    }
```

```
    values, err := readValues(*infile)
    if err == nil {
        fmt.Println("Read values:", values)
    } else {
        fmt.Println(err)
    }
}
```

在实现readValues()函数的过程中,我们用到了os、io、bufio和strconv等Go语言标准库中的包,用于文件读写和字符串处理。熟练掌握这些包的基本用法,将会大幅度提高使用Go语言的工作效率。

我们还示范了数组切片的使用,并使用defer关键字以确保关闭文件句柄。

3. 写到输出文件

在数据处理结束后,我们需要将排序结果输出到另一个文本文件。这个过程比较简单,因此这里我们只列出writeValues()函数的实现,读者可以自行对照Go语言标准库以熟悉相关包的用法。

```
func writeValues(values []int, outfile string) error {
    file, err := os.Create(outfile)
    if err != nil {
        fmt.Println("Failed to create the output file ", outfile)
        return err
    }

    defer file.Close()

    for _, value := range values {
        str := strconv.Itoa(value)
        file.WriteString(str + "\n")
    }
    return nil
}
```

2.7.3 算法实现

接下来我们就实现排序算法。因为算法本身并不在本书讨论的范畴,所以就不再解释冒泡排序和快速排序的算法原理。

冒泡排序算法位于bubblesort.go这个源文件中,快速排序算法则位于qsort.go文件中。对于这种纯算法的模块,我们应该自然而然地为其编写单元测试模块。我们在第7章中将专门介绍单元测试的相关内容。

1. 冒泡排序

在冒泡排序中,包含一个具体的算法实现源文件和一个单元测试文件,如代码清单2-8和代码清单2-9所示。

代码清单2-8   bubblesort.go

```go
// bubblesort.go
package bubblesort

func BubbleSort(values []int) {
    flag := true

    for i := 0; i <len(values) - 1; i ++ {
        flag = true

        for j := 0; j <len(values) - i - 1; j++ {
            if values[j] > values[j + 1] {
                values[j], values[j + 1] = values[j + 1], values[j]
                flag = false
            } // end if
        } // end for j = ...

        if flag == true {
            break
        }

    } // end for i = ...
}
```

代码清单2-9   bubblesort_test.go

```go
// bubble_test.go
package bubblesort

import "testing"

func TestBubbleSort1(t *testing.T) {
    values := []int{5, 4, 3, 2, 1}
    BubbleSort(values)
    if values[0] != 1 || values[1] != 2 || values[2] != 3 || values[3] != 4 ||
        values[4] !=5 {
        t.Error("BubbleSort() failed. Got", values, "Expected 1 2 3 4 5")
    }
}

func TestBubbleSort2(t *testing.T) {
    values := []int{5, 5, 3, 2, 1}
    BubbleSort(values)
    if values[0] != 1 || values[1] != 2 || values[2] != 3 || values[3] != 5 ||
        values[4] !=5 {
        t.Error("BubbleSort() failed. Got", values, "Expected 1 2 3 5 5")
    }
}

func TestBubbleSort3(t *testing.T) {
    values := []int{5}
    BubbleSort(values)
    if values[0] != 5 {
```

```
                t.Error("BubbleSort() failed. Got", values, "Expected 5")
        }
}
```

2. 快速排序

与冒泡排序相同，快速排序也包含一个具体的算法实现源文件和一个单元测试文件，如代码清单2-10和代码清单2-11所示。

代码清单2-10　qsort.go

```go
// qsort.go
package qsort

func quickSort(values []int, left, right int) {
    temp := values[left]
    p := left
    i, j := left, right

    for i <= j {
        for j >= p && values[j] >= temp {
            j--
        }
        if j >= p {
            values[p] = values[j]
            p = j
        }

        if values[i] <= temp && i <= p {
            i++
        }

        if i <= p {
            values[p] = values[i]
            p = i
        }
    }
    values[p] = temp
    if p - left > 1 {
        quickSort(values, left, p - 1)
    }
    if right - p > 1 {
        quickSort(values, p + 1, right)
    }
}

func QuickSort(values []int) {
    quickSort(values, 0, len(values) - 1)
}
```

代码清单2-11　qsort_test.go

```go
// qsort_test.go
package qsort
```

```
import "testing"

func TestQuickSort1(t *testing.T) {
    values := []int{5, 4, 3, 2, 1}
    QuickSort(values)
    if values[0] != 1 || values[1] != 2 || values[2] != 3 || values[3] != 4 ||
        values[4] !=5 {
            t.Error("QuickSort() failed. Got", values, "Expected 1 2 3 4 5")
    }
}

func TestQuickSort2(t *testing.T) {
    values := []int{5, 5, 3, 2, 1}
    QuickSort(values)
    if values[0] != 1 || values[1] != 2 || values[2] != 3 || values[3] != 5 ||
        values[4] !=5 {
            t.Error("QuickSort() failed. Got", values, "Expected 1 2 3 5 5")
    }
}

func TestQuickSort3(t *testing.T) {
    values := []int{5}
    QuickSort(values)
    if values[0] != 5 {
            t.Error("QuickSort() failed. Got", values, "Expected 5")
    }
}
```

2.7.4 主程序

现在我们可以在主程序加入对算法的调用以及函数的运行计时，最终版本的sorter.go如代码清单2-12所示。

代码清单2-12 sorter.go

```
package main

import "bufio"
import "flag"
import "fmt"
import "io"
import "os"
import "strconv"
import "time"

import "algorithm/bubblesort"
import "algorithm/qsort"

var infile *string = flag.String("i", "unsorted.dat", "File contains values for sorting")
```

```go
var outfile *string = flag.String("o", "sorted.dat", "File to receive sorted values")
var algorithm *string = flag.String("a", "qsort", "Sort algorithm")

func readValues(infile string)(values []int, err error) {
    file, err := os.Open(infile)
    if err != nil {
        fmt.Println("Failed to open the input file ", infile)
        return
    }

    defer file.Close()

    br := bufio.NewReader(file)

    values = make([]int, 0)

    for {
        line, isPrefix, err1 := br.ReadLine()

        if err1 != nil {
            if err1 != io.EOF {
                err = err1
            }
            break
        }

        if isPrefix {
            fmt.Println("A too long line, seems unexpected.")
            return
        }

        str := string(line) // 转换字符数组为字符串

        value, err1 := strconv.Atoi(str)

        if err1 != nil {
            err = err1
            return
        }

        values = append(values, value)
    }
    return
}

func writeValues(values []int, outfile string) error {
    file, err := os.Create(outfile)
    if err != nil {
        fmt.Println("Failed to create the output file ", outfile)
        return err
    }
```

```
        defer file.Close()

        for _, value := range values {
            str := strconv.Itoa(value)
            file.WriteString(str + "\n")
        }
        return nil
    }

    func main() {
        flag.Parse()

        if infile != nil {
            fmt.Println("infile =", *infile, "outfile =", *outfile, "algorithm =",
                *algorithm)
        }

        values, err := readValues(*infile)
        if err == nil {
            t1 := time.Now()
            switch *algorithm {
                case "qsort":
                    qsort.QuickSort(values)
                case "bubblesort":
                    bubblesort.BubbleSort(values)
                default:
                    fmt.Println("Sorting algorithm", *algorithm, "is either unknown or
                        unsupported.")
            }
            t2 := time.Now()

            fmt.Println("The sorting process costs", t2.Sub(t1), "to complete.")

            writeValues(values, *outfile)
        } else {
            fmt.Println(err)
        }
    }
```

2.7.5　构建与执行

　　至此，本章的示例已经全部完成。在确认已经设置好GOPATH后，我们可以直接运行以下命令来构建和测试程序：

```
$ echo $GOPATH
~/goyard/sorter
$ go build algorithm/qsort
$ go build algorithm/bubblesort
$ go test algorithm/qsort
ok  algorithm/qsort0.007s
$ go test algorithm/bubblesort
```

```
ok  algorithm/bubblesort0.013s
$ go install algorithm/qsort
$ go install algorithm/bubblesort
$ go build sorter
$ go install sorter
```

如果没有出现任何问题，那么通过执行这些命令，我们应该能够在src的同一级目录下看到两个目录——bin和pkg，其中pkg目录下放置的是bubblesort.a和qsort.a, bin目录下放置的是sorter的二进制可执行文件。

因为sorter接受的是一个文件格式的输入，所以需要准备这样的一个文件。我们可以在sorter所在的bin目录内创建一个unsorted.dat文本文件，按一行一个整数的方式填入一些数据后保存。sorted.dat会由程序自动创建，因此不需要事先创建。

接下来我们演示如何运行这个程序，并查看执行的结果:

```
$ cd bin
$ ls
sorter unsorted.dat
$ cat unsorted.dat
123
3064
3
64
490
1
23
5331
2
7
4
2
132
$ ./sorter -i unsorted.dat -o sorted.dat -a qsort
infile = unsorted.dat outfile = sorted.dat algorithm = qsort
The sorting process costs 3us to complete.
$ ./sorter -i unsorted.dat -o sorted.dat -a bubblesort
infile = unsorted.dat outfile = sorted.dat algorithm = bubblesort
The sorting process costs 2us to complete.
$ cat sorted.dat
1
2
2
3
4
7
23
64
123
132
490
3064
5331
```

可以看到，结果已经被正确排序并写入到sorted.dat文件中，至此我们的程序也算是完整了。这个程序不仅仅演示了本章学到的大部分内容，还顺便示范了Go语言标准库中多个常用包的用法。

相信读者基于这个程序框架可以快速使用Go语言来解决自己在工作和学习中遇到的实际问题。

2.8 小结

本章我们详细讲解了Go语言顺序编程的相关语法，从这些语法特征可以很容易看出C语言的影子（毕竟肯·汤普森也是C语言的设计者），但Go又利用一系列新增特性很好地让Go程序员避免重复之前C程序员面临的众多问题。看完这一章，你应该也可以理解为什么很多人评价Go语言为"更好的C语言"。

顺序编程只是Go作为语言的很小一部分，后续章节我们将逐渐展开诠释Go语言更多令人振奋的优美特性，也将带领你一步步熟悉如何用Go语言进行大型软件的管理和开发。

第3章

面向对象编程

在第2章中，我们详细介绍了Go语言顺序编程的相关特性，通过与C语言的对比我们了解了为什么Go语言被称为"更好的C语言"，本章我们将介绍Go语言对于面向对象编程（OOP，Object Oriented Programming）思想的支持。相应地，本章在介绍Go语言的面向对象编程特性的过程中，对比对象会自然切换为比较典型的现有面向对象编程语言：C++、Java和C#。

为了加深读者对Go语言面向对象特性的理解，本章中我们会提及C++、Java和C#语言的一些特性和例子。如果读者之前没有接触过这些语言，阅读本章并不会有明显的障碍。但如果之前深入了解过这几门语言或者其他的面向对象语言，那么你将会更清晰地理解Go语言相对于C++流派的面向对象体系的众多革新之处。

对于面向对象编程的支持Go语言设计得非常简洁而优雅。简洁之处在于，Go语言并没有沿袭传统面向对象编程中的诸多概念，比如继承、虚函数、构造函数和析构函数、隐藏的`this`指针等。优雅之处在于，Go语言对面向对象编程的支持是语言类型系统中的天然组成部分。整个类型系统通过接口串联，浑然一体。我们在本章中将一一解释这些特性。

3.1 类型系统

很少有编程类的书谈及类型系统（type system）这个话题，实际上类型系统才是一门编程语言的地基，它的地位至关重要。因此，这里我们将从类型系统入手介绍Go语言的面向对象编程特性。

顾名思义，类型系统是指一个语言的类型体系结构。一个典型的类型系统通常包含如下基本内容：

- ❑ 基础类型，如`byte`、`int`、`bool`、`float`等；
- ❑ 复合类型，如数组、结构体、指针等；
- ❑ 可以指向任意对象的类型（Any类型）；
- ❑ 值语义和引用语义；
- ❑ 面向对象，即所有具备面向对象特征（比如成员方法）的类型；
- ❑ 接口。

类型系统描述的是这些内容在一个语言中如何被关联。因为Java语言自诞生以来被称为最纯正的面向对象语言，所以我们就先以Java语言为例讲一讲类型系统。

在Java语言中，存在两套完全独立的类型系统：一套是值类型系统，主要是基本类型，如`byte`、`int`、`boolean`、`char`、`double`等，这些类型基于值语义；一套是以`Object`类型为根的对象类型系统，这些类型可以定义成员变量和成员方法，可以有虚函数，基于引用语义，只允许在堆上创建（通过使用关键字`new`）。Java语言中的`Any`类型就是整个对象类型系统的根——`java.lang.Object`类型，只有对象类型系统中的实例才可以被`Any`类型引用。值类型想要被`Any`类型引用，需要装箱（boxing）过程，比如`int`类型需要装箱成为`Integer`类型。另外，只有对象类型系统中的类型才可以实现接口，具体方法是让该类型从要实现的接口继承。

相比之下，Go语言中的大多数类型都是值语义，并且都可以包含对应的操作方法。在需要的时候，你可以给任何类型（包括内置类型）"增加"新方法。而在实现某个接口时，无需从该接口继承（事实上，Go语言根本就不支持面向对象思想中的继承语法），只需要实现该接口要求的所有方法即可。任何类型都可以被`Any`类型引用。`Any`类型就是空接口，即`interface{}`。

接下来我们对Go语言类型系统的特点逐一进行讲解。

3.1.1 为类型添加方法

在Go语言中，你可以给任意类型（包括内置类型，但不包括指针类型）添加相应的方法，例如：

```
type Integer int

func (a Integer) Less(b Integer) bool {
    return a < b
}
```

在这个例子中，我们定义了一个新类型Integer，它和int没有本质不同，只是它为内置的int类型增加了个新方法Less()。

这样实现了Integer后，就可以让整型像一个普通的类一样使用：

```
func main() {
    var a Integer = 1
    if a.Less(2) {
        fmt.Println(a, "Less 2")
    }
}
```

在学其他语言（尤其是C++语言）的时候，很多初学者对面向对象的概念感觉很神秘，不知道那些继承和多态到底是怎么发生的。不过，如果读者曾经深入了解过C++的对象模型，或者完整阅读过《深度探索C++对象模型》这本书，就会理解C++等语言中的面向对象都只是相当于在C语言基础上添加的一个语法糖，接下来解释一下为什么可以这么理解。

上面的这个Integer例子如果不使用Go语言的面向对象特性，而使用之前我们介绍的面向过程方式实现的话，相应的实现细节将如下所示：

```
type Integer int

func Integer_Less(a Integer, b Integer) bool {
    return a < b
}

func main() {
    var a Integer = 1
    if Integer_Less(a, 2) {
        fmt.Println(a, "Less 2")
    }
}
```

在Go语言中，面向对象的神秘面纱被剥得一干二净。对比下面的两段代码：

```
func (a Integer) Less(b Integer) bool {          // 面向对象
    return a < b
}

func Integer_Less(a Integer, b Integer) bool {   // 面向过程
    return a < b
}

a.Less(2)                                        // 面向对象的用法
Integer_Less(a, 2)                               // 面向过程的用法
```

可以看出，面向对象只是换了一种语法形式来表达。C++语言的面向对象之所以让有些人迷惑的一大原因就在于其隐藏的this指针。一旦把隐藏的this指针显露出来，大家看到的就是一个面向过程编程。感兴趣的读者可以去查阅《深度探索C++对象模型》这本书，看看C++语言是如何对应到C语言的。而Java和C#其实都是遵循着C++语言的惯例而设计的，它们的成员方法中都带有一个隐藏的this指针。如果读者了解Python语法，就会知道Python的成员方法中会有一个self参数，它和this指针的作用是完全一样的。

我们对于一些事物的不理解或者畏惧，原因都在于这些事情所有意无意带有的绚丽外衣和神秘面纱。只要揭开这一层直达本质，就会发现一切其实都很简单。

"在Go语言中没有隐藏的this指针"这句话的含义是：

❑ 方法施加的目标（也就是"对象"）显式传递，没有被隐藏起来；

❑ 方法施加的目标（也就是"对象"）不需要非得是指针，也不用非得叫this。

我们对比Java语言的代码：

```
class Integer {
    private int val;
    public boolean Less(Integer b) {
        return this.val< b.val;
    }
}
```

对于这段Java代码，初学者可能会比较难以理解其背后的机制，以及this到底从何而来。这主要是因为Integer类的Less()方法隐藏了第一个参数Integer* this。如果将其翻译成C代码，会更清晰：

```
struct Integer {
    int val;
};

bool Integer_Less(structInteger* this, structInteger* b) {
    return this->val < b->val;
}
```

Go语言中的面向对象最为直观，也无需支付额外的成本。如果要求对象必须以指针传递，这有时会是个额外成本，因为对象有时很小（比如4字节），用指针传递并不划算。

只有在你需要修改对象的时候，才必须用指针。它不是Go语言的约束，而是一种自然约束。举个例子：

```
func (a *Integer) Add(b Integer) {
    *a += b
}
```

这里为`Integer`类型增加了`Add()`方法。由于`Add()`方法需要修改对象的值，所以需要用指针引用。调用如下：

```
func main() {
    var a Integer = 1
    a.Add(2)
        fmt.Println("a =", a)
}
```

运行该程序，得到的结果是：a=3。如果你实现成员方法时传入的不是指针而是值（即传入`Integer`，而非`*Integer`），如下所示：

```
func (a Integer) Add(b Integer) {
    a += b
}
```

那么运行程序得到的结果是a=1，也就是维持原来的值。读者可以亲自动手尝试一下。

究其原因，是因为Go语言和C语言一样，类型都是基于值传递的。要想修改变量的值，只能传递指针。

Go 语言包经常使用此功能，比如`http`包中关于HTTP头部信息的`Header`类型（参见`$GOROOT/src/pkg/http/header.go`）就是通过Go内置的`map`类型赋予新的语义来实现的。下面是`Header`类型实现的部分代码：

```
// Header类型用于表达HTTP头部的键值对信息
type Header map[string][]string
// Add()方法用于添加一个键值对到HTTP头部
// 如果该键已存在，则会将值添加到已存在的值后面
func (h Header) Add(key, value string) {
    textproto.MIMEHeader(h).Add(key, value)
}
// Set()方法用于设置某个键对应的值，如果该键已存在，则替换已存在的值
func (h Header) Set(key, value string) {
    textproto.MIMEHeader(h).Set(key, value)
}

// 还有更多其他方法
```

Header类型其实就是一个map，但通过为map起一个Header别名并增加了一系列方法，它就变成了一个全新的类型，但这个新类型又完全拥有map的功能。是不是很酷？

Go 语言包里还有很多类似的例子，这里就不一一列举了。Go 语言毕竟还是一门比较新的语言，学习资源相比 C++/Java/C#自然会略显缺乏。其实Go语言包的实现代码非常精致耐读，是学习Go语言编程的最佳示例。大家在学习和工作中一定要记得时常翻看 Go 语言包的代码，这可以达到事半功倍的效果。

3.1.2   值语义和引用语义

值语义和引用语义的差别在于赋值，比如下面的例子：

```
b = a
b.Modify()
```

如果b的修改不会影响a的值，那么此类型属于值类型。如果会影响a的值，那么此类型是引用类型。

Go语言中的大多数类型都基于值语义，包括：

□ 基本类型，如byte、int、bool、float32、float64和string等；

□ 复合类型，如数组（array）、结构体（struct）和指针（pointer）等。

Go语言中类型的值语义表现得非常彻底。我们之所以这么说，是因为数组。

如果读者之前学过C语言，就会知道C语言中的数组比较特别。通过函数传递一个数组的时候基于引用语义，但是在结构体中定义数组变量的时候基于值语义（表现在为结构体赋值的时候，该数组会被完整地复制）。

Go语言中的数组和基本类型没有区别，是很纯粹的值类型，例如：

```
var a = [3]int{1, 2, 3}
var b = a
b[1]++
fmt.Println(a, b)
```

该程序的运行结果如下：

```
[1 2 3] [1 3 3]。
```

这表明b=a赋值语句是数组内容的完整复制。要想表达引用，需要用指针：

```
var a = [3]int{1, 2, 3}
var b = &a
b[1]++
fmt.Println(a, *b)
```

该程序的运行结果如下：

```
[1 3 3] [1 3 3]
```

这表明b=&a赋值语句是数组内容的引用。变量b的类型不是[3]int，而是*[3]int类型。

Go语言中有4个类型比较特别，看起来像引用类型，如下所示。

❑ 数组切片：指向数组（array）的一个区间。

❑ map：极其常见的数据结构，提供键值查询能力。

❑ channel：执行体（goroutine）间的通信设施。

❑ 接口（interface）：对一组满足某个契约的类型的抽象。

但是这并不影响我们将Go语言类型看做值语义。下面我们来看看这4个类型。

数组切片本质上是一个区间，你可以大致将[]T表示为：

```
type slice struct {
    first *T
    len int
    cap int
}
```

因为数组切片内部是指向数组的指针，所以可以改变所指向的数组元素并不奇怪。数组切片类型本身的赋值仍然是值语义。

map本质上是一个字典指针，你可以大致将map[K]V表示为：

```
type Map_K_V struct {
    // ...
}

type map[K]V struct {
    impl *Map_K_V
}
```

基于指针，我们完全可以自定义一个引用类型，如：

```
type IntegerRef struct {
    impl *int
}
```

channel和map类似，本质上是一个指针。将它们设计为引用类型而不是统一的值类型的原因是，完整复制一个channel或map并不是常规需求。

同样，接口具备引用语义，是因为内部维持了两个指针，示意为：

```
type interface struct {
    data *void
    itab *Itab
}
```

接口在Go语言中的地位非常重要。关于接口的内部实现细节，在后面的高阶话题中我们再细细剖析。

3.1.3　结构体

Go语言的结构体（struct）和其他语言的类（class）有同等的地位，但Go语言放弃了包括继承在内的大量面向对象特性，只保留了组合（composition）这个最基础的特性。

组合甚至不能算面向对象特性，因为在C语言这样的过程式编程语言中，也有结构体，也有组合。组合只是形成复合类型的基础。

上面我们说到，所有的Go语言类型（指针类型除外）都可以有自己的方法。在这个背景下，Go语言的结构体只是很普通的复合类型，平淡无奇。例如，我们要定义一个矩形类型：

```
type Rect struct {
    x, y float64
    width, height float64
}
```

然后我们定义成员方法Area()来计算矩形的面积：

```
func (r *Rect) Area() float64 {
    return r.width * r.height
}
```

可以看出，Go语言中结构体的使用方式与C语言并没有明显不同。

3.2   初始化

在定义了Rect类型后，该如何创建并初始化Rect类型的对象实例呢？这可以通过如下几种方法实现：

```
rect1 := new(Rect)
rect2 := &Rect{}
rect3 := &Rect{0, 0, 100, 200}
rect4 := &Rect{width: 100, height: 200}
```

在Go语言中，未进行显式初始化的变量都会被初始化为该类型的零值，例如bool类型的零值为false，int类型的零值为0，string类型的零值为空字符串。

在Go语言中没有构造函数的概念，对象的创建通常交由一个全局的创建函数来完成，以NewXXX来命名，表示"构造函数"：

```
func NewRect(x, y, width, height float64) *Rect {
    return &Rect{x, y, width, height}
}
```

这一切非常自然，开发者也不需要分析在使用了new之后到底背后发生了多少事情。在Go语言中，一切要发生的事情都直接可以看到。

3.3   匿名组合

确切地说，Go语言也提供了继承，但是采用了组合的文法，所以我们将其称为匿名组合：

```
type Base struct {
    Name string
}

func (base *Base) Foo() { ... }
func (base *Base) Bar() { ... }
```

```
type Foo struct {
    Base
    ...
}

func (foo *Foo) Bar() {
    foo.Base.Bar()
    ...
}
```

以上代码定义了一个Base类（实现了Foo()和Bar()两个成员方法），然后定义了一个Foo类，该类从Base类"继承"并改写了Bar()方法（该方法实现时先调用了基类的Bar()方法）。

在"派生类"Foo没有改写"基类"Base的成员方法时，相应的方法就被"继承"，例如在上面的例子中，调用foo.Foo()和调用foo.Base.Foo()效果一致。

与其他语言不同，Go语言很清晰地告诉你类的内存布局是怎样的。此外，在Go语言中你还可以随心所欲地修改内存布局，如：

```
type Foo struct {
    ... // 其他成员
    Base
}
```

这段代码从语义上来说，和上面给的例子并无不同，但内存布局发生了改变。"基类"Base的数据放在了"派生类"Foo的最后。

另外，在Go语言中，你还可以以指针方式从一个类型"派生"：

```
type Foo struct {
    *Base
    ...
}
```

这段Go代码仍然有"派生"的效果，只是Foo创建实例的时候，需要外部提供一个Base类实例的指针。

在C++语言中其实也有类似的功能，那就是虚基类，但是它非常让人难以理解，一般C++的开发者都会遗忘这个特性。相比之下，Go语言以一种非常容易理解的方式提供了一些原本期望用虚基类才能解决的设计难题。

在Go语言官方网站提供的*Effective Go*中曾提到匿名组合的一个小价值，值得在这里再提一下。首先我们可以定义如下的类型，它匿名组合了一个log.Logger指针：

```
type Job struct {
    Command string
    *log.Logger
}
```

在合适的赋值后，我们在Job类型的所有成员方法中可以很舒适地借用所有log.Logger提供的方法。比如如下的写法：

```
func (job *Job)Start() {
    job.Log("starting now...")
    ... // 做一些事情
    job.Log("started.")
}
```

对于Job的实现者来说，他甚至根本就不用意识到log.Logger类型的存在，这就是匿名组合的魅力所在。在实际工作中，只有合理利用才能最大发挥这个功能的价值。

需要注意的是，不管是非匿名的类型组合还是匿名组合，被组合的类型所包含的方法虽然都升级成了外部这个组合类型的方法，但其实它们被组合方法调用时接收者并没有改变。比如上面这个Job例子，即使组合后调用的方式变成了job.Log(...)，但Log函数的接收者仍然是log.Logger指针，因此在Log中不可能访问到job的其他成员方法和变量。

这其实也很容易理解，毕竟被组合的类型并不知道自己会被什么类型组合，当然就没法在实现方法时去使用那个未知的"组合者"的功能了。

另外，我们必须关注一下接口组合中的名字冲突问题，比如如下的组合：

```
type X struct {
    Name string
}

type Y struct {
    X
    Name string
}
```

组合的类型和被组合的类型都包含一个Name成员，会不会有问题呢？答案是否定的。所有的Y类型的Name成员的访问都只会访问到最外层的那个Name变量，X.Name变量相当于被隐藏起来了。

那么下面这样的场景呢：

```
type Logger struct {
    Level int
}
type Y struct {
    *Logger
    Name string
    *log.Logger
}
```

显然这里会有问题。因为之前已经提到过，匿名组合类型相当于以其类型名称（去掉包名部分）作为成员变量的名字。按此规则，Y类型中就相当于存在两个名为Logger的成员，虽然类型不同。因此，我们预期会收到编译错误。

有意思的是，这个编译错误并不是一定会发生的。假如这两个Logger在定义后再也没有被用过，那么编译器将直接忽略掉这个冲突问题，直至开发者开始使用其中的某个Logger。

3.4 可见性

Go语言对关键字的增加非常吝啬，其中没有`private`、`protected`、`public`这样的关键字。要使某个符号对其他包（package）可见（即可以访问），需要将该符号定义为以大写字母开头，如：

```
type Rect struct {
    X, Y float64
    Width, Height float64
}
```

这样，Rect类型的成员变量就全部被导出了，可以被所有其他引用了Rect所在包的代码访问到。

成员方法的可访问性遵循同样的规则，例如：

```
func (r *Rect) area() float64 {
    return r.Width * r.Height
}
```

这样，Rect的area()方法只能在该类型所在的包内使用。

需要注意的一点是，Go语言中符号的可访问性是包一级的而不是类型一级的。在上面的例子中，尽管area()是Rect的内部方法，但同一个包中的其他类型也都可以访问到它。这样的可访问性控制很粗旷，很特别，但是非常实用。如果Go语言符号的可访问性是类型一级的，少不了还要加上friend这样的关键字，以表示两个类是朋友关系，可以访问彼此的私有成员。

3.5 接口

Go语言的主要设计者之一罗布·派克（Rob Pike）曾经说过，如果只能选择一个Go语言的特性移植到其他语言中，他会选择接口。

接口在Go语言有着至关重要的地位。如果说goroutine和channel是支撑起Go语言的并发模型的基石，让Go语言在如今集群化与多核化的时代成为一道极为亮丽的风景，那么接口是Go语言整个类型系统的基石，让Go语言在基础编程哲学的探索上达到前所未有的高度。

Go语言在编程哲学上是变革派，而不是改良派。这不是因为Go语言有goroutine和channel，而更重要的是因为Go语言的类型系统，更是因为Go语言的接口。Go语言的编程哲学因为有接口而趋近完美。

Go 语言的接口不单单只是接口，下面我们通过一系列对比来进一步探索Go语言的接口特性。

3.5.1 其他语言的接口

Go语言的接口并不是其他语言（C++、Java、C#等）中所提供的接口概念。

在Go语言出现之前，接口主要作为不同组件之间的契约存在。对契约的实现是强制的，你必须声明你的确实现了该接口。为了实现一个接口，你需要从该接口继承：

```
interface IFoo {
    void Bar();
}

class Foo implements IFoo { // Java文法
    // ...
}

class Foo : public IFoo { // C++文法
    // ...
}

IFoo* foo = new Foo;
```

　　即使另外有一个接口IFoo2实现了与IFoo完全一样的接口方法甚至名字也叫IFoo只不过位于不同的名字空间下，编译器也会认为上面的类Foo只实现了IFoo而没有实现IFoo2接口。

　　这类接口我们称为侵入式接口。"侵入式"的主要表现在于实现类需要明确声明自己实现了某个接口。这种强制性的接口继承是面向对象编程思想发展过程中一个遭受相当多置疑的特性。我们接下来讨论一下为什么这是个问题，以及为何Go语言的接口设计是一个更合适的选择。

　　设想我们现在要实现一个简单搜索引擎（SE），它需要依赖两个模块，一个是哈希表（HT），一个是HTML分析器（HtmlParser）。

　　搜索引擎的实现者认为，SE对HT的依赖是确定性的，所以不需要在SE和HT之间定义接口，而是直接通过import（或者include）的方式使用HT；而模块SE对HtmlParser的依赖是不确定的，未来可能需要有WordParser、PdfParser等模块来替代HtmlParser，以达到不同的业务要求。为此，他定义了SE和HtmlParser之间的接口，在模块SE中通过接口调用方式间接引用模块HtmlParser。

　　应当注意到，接口的需求方是SE，只有SE才知道接口应该定义成什么样子，但是接口的实现方是HtmlParser。基于模块设计的单向依赖原则，模块HtmlParser实现自身的业务时，不应该关心某个具体使用方的要求。HtmlParser在实现的时候，甚至还不知道未来有一天SE会用上它。

　　期望模块HtmlParser能够知道需求方需要的所有接口，并提前声明实现这些接口是不合理的。同样的道理发生在SE自己身上。SE并不能够预计未来会有哪些需求方会用到自己，并且实现它们所要求的接口。

　　这个问题在设计标准库时变得更加突出，比如我们实现了File类（这里我们用Go语言的文法来描述要实现的方法，请忽略文法上的细节），它有下面这些方法：

```
Read(buf []byte) (n int, err error)
Write(buf []byte) (n int, err error)
Seek(off int64, whence int) (pos int64, err error)
Close() error
```

　　那么，到底是应该定义一个IFile接口，还是应该定义一系列的IReader、IWriter、ISeeker、ICloser接口，然后让File从它们继承好呢？脱离了实际的用户场景，讨论这两个设计哪个更好并无意义。问题在于，实现File类的时候，我怎么知道外部会如何用它呢？

正是因为这种不合理的设计，实现Java、C#类库中的每个类时都需要纠结以下两个问题。

- 问题1：我提供哪些接口好呢？
- 问题2：如果两个类实现了相同的接口，应该把接口放到哪个包好呢？

接下来我们通过介绍Go语言中的接口概念来解释Go语言如何避免这几个困扰了无数开发人员的传统难题。

3.5.2 非侵入式接口

在Go语言中，一个类只需要实现了接口要求的所有函数，我们就说这个类实现了该接口，例如：

```
type File struct {
    // ...
}

func (f *File) Read(buf []byte) (n int, err error)
func (f *File) Write(buf []byte) (n int, err error)
func (f *File) Seek(off int64, whence int) (pos int64, err error)
func (f *File) Close() error
```

这里我们定义了一个File类，并实现有Read()、Write()、Seek()、Close()等方法。设想我们有如下接口：

```
type IFile interface {
    Read(buf []byte) (n int, err error)
    Write(buf []byte) (n int, err error)
    Seek(off int64, whence int) (pos int64, err error)
    Close() error
}

type IReader interface {
    Read(buf []byte) (n int, err error)
}

type IWriter interface {
    Write(buf []byte) (n int, err error)
}

type ICloser interface {
    Close() error
}
```

尽管File类并没有从这些接口继承，甚至可以不知道这些接口的存在，但是File类实现了这些接口，可以进行赋值：

```
var file1 IFile = new(File)
var file2 IReader = new(File)
var file3 IWriter = new(File)
var file4 ICloser = new(File)
```

Go语言的非侵入式接口，看似只是做了很小的文法调整，实则影响深远。

其一，Go语言的标准库，再也不需要绘制类库的继承图。你一定见过不少C++、Java、C#类库的继承树图。这里给个Java继承树图：

http://docs.oracle.com/javase/1.4.2/docs/api/overview-tree.html

在Go中，类的继承树并无意义，你只需要知道这个类实现了哪些方法，每个方法是啥含义就足够了。

其二，实现类的时候，只需要关心自己应该提供哪些方法，不用再纠结接口需要拆得多细才合理。接口由使用方按需定义，而不用事前规划。

其三，不用为了实现一个接口而导入一个包，因为多引用一个外部的包，就意味着更多的耦合。接口由使用方按自身需求来定义，使用方无需关心是否有其他模块定义过类似的接口。

3.5.3　接口赋值

接口赋值在Go语言中分为如下两种情况：

☐ 将对象实例赋值给接口；

☐ 将一个接口赋值给另一个接口。

先讨论将某种类型的对象实例赋值给接口，这要求该对象实例实现了接口要求的所有方法，例如之前我们作过一个Integer类型，如下：

```
type Integer int

func (a Integer) Less(b Integer) bool {
    return a < b
}


func (a *Integer) Add(b Integer) {
    *a += b
}
```

相应地，我们定义接口LessAdder，如下：

```
type LessAdder interface {
    Less(b Integer) bool
    Add(b Integer)
}
```

现在有个问题：假设我们定义一个Integer类型的对象实例，怎么将其赋值给LessAdder接口呢？应该用下面的语句(1)，还是语句(2)呢？

```
var a Integer = 1
var b LessAdder = &a      ... (1)
var b LessAdder = a       ... (2)
```

答案是应该用语句(1)。原因在于，Go语言可以根据下面的函数：

```
func (a Integer) Less(b Integer) bool
```

自动生成一个新的Less()方法:

```
func (a *Integer) Less(b Integer) bool {
    return (*a).Less(b)
}
```

这样,类型*Integer就既存在Less()方法,也存在Add()方法,满足LessAdder接口。而从另一方面来说,根据

```
func (a *Integer) Add(b Integer)
```

这个函数无法自动生成以下这个成员方法:

```
func (a Integer) Add(b Integer) {
    (&a).Add(b)
}
```

因为(&a).Add()改变的只是函数参数a,对外部实际要操作的对象并无影响,这不符合用户的预期。所以,Go语言不会自动为其生成该函数。因此,类型Integer只存在Less()方法,缺少Add()方法,不满足LessAdder接口,故此上面的语句(2)不能赋值。

为了进一步证明以上的推理,我们不妨再定义一个Lesser接口,如下:

```
type Lesser interface {
    Less(b Integer) bool
}
```

然后定义一个Integer类型的对象实例,将其赋值给Lesser接口:

```
var a Integer = 1
var b1 Lesser = &a       ... (1)
var b2 Lesser = a        ... (2)
```

正如我们所料的那样,语句(1)和语句(2)均可以编译通过。

我们再来讨论另一种情形:将一个接口赋值给另一个接口。在Go语言中,只要两个接口拥有相同的方法列表(次序不同不要紧),那么它们就是等同的,可以相互赋值。

下面我们来看一个示例,这是第一个接口:

```
package one

type ReadWriter interface {
    Read(buf []byte) (n int, err error)
    Write(buf []byte) (n int, err error)
}
```

第二个接口位于另一个包中:

```
package two

type IStream interface {
    Write(buf []byte) (n int, err error)
    Read(buf []byte) (n int, err error)
}
```

　　这里我们定义了两个接口，一个叫 one.ReadWriter，一个叫 two.Istream，两者都定义了 Read()、Write() 方法，只是定义次序相反。one.ReadWriter 先定义了 Read() 再定义了 Write()，而 two.IStream 反之。

　　在 Go 语言中，这两个接口实际上并无区别，因为：

❑ 任何实现了 one.ReadWriter 接口的类，均实现了 two.IStream；

❑ 任何 one.ReadWriter 接口对象可赋值给 two.IStream，反之亦然；

❑ 在任何地方使用 one.ReadWriter 接口与使用 two.IStream 并无差异。

以下这些代码可编译通过：

```
var file1 two.IStream = new(File)
var file2 one.ReadWriter = file1
var file3 two.IStream = file2
```

　　接口赋值并不要求两个接口必须等价。如果接口 A 的方法列表是接口 B 的方法列表的子集，那么接口 B 可以赋值给接口 A。例如，假设我们有 Writer 接口：

```
type Writer interface {
    Write(buf []byte) (n int, err error)
}
```

就可以将上面的 one.ReadWriter 和 two.IStream 接口的实例赋值给 Writer 接口：

```
var file1 two.IStream = new(File)
var file4 Writer = file1
```

但是反过来并不成立：

```
var file1 Writer = new(File)
var file5 two.IStream = file1 // 编译不能通过
```

这段代码无法编译通过，原因是显然的：file1 并没有 Read() 方法。

3.5.4　接口查询

　　有办法让上面的 Writer 接口转换为 two.IStream 接口么？有。那就是我们即将讨论的接口查询语法，代码如下：

```
var file1 Writer = ...
if file5, ok := file1.(two.IStream); ok {
    ...
}
```

这个 if 语句检查 file1 接口指向的对象实例是否实现了 two.IStream 接口，如果实现了，则执行特定的代码。

　　接口查询是否成功，要在运行期才能够确定。它不像接口赋值，编译器只需要通过静态类型检查即可判断赋值是否可行。

　　在 Windows 下做过开发的人，通常都接触过 COM，知道 COM 也有一个接口查询（QueryInterface）。是的，Go 语言的接口查询和 COM 的接口查询非常类似，都可以通过对象（组件）的某个接口来查询对象实现的其他接口。不过，Go语言的接口查询优雅得多。在Go语言中，对象是否满足某个接口，通过某个接口查询其他接口，这一切都是完全自动完成的。

让语言内置接口查询，这是一件非常了不起的事情。在COM中实现接口查询的过程非常繁复，但接口查询是COM体系的根本。COM书对接口查询的介绍，往往从类似下面这样一段问话开始，它在Go语言中同样适用：

```
>你会飞吗?     // IFly
>不会。
>你会游泳吗?   // ISwim
>会。
>你会叫吗?     // IShout
>会。
> ...
```

随着问题的深入，你从开始对对象（组件）一无所知（在Go语言中是interface{}，在COM中是IUnknown），到逐步深入了解。

但是你最终能够完全了解对象么？COM说：不能，你只能无限逼近，但永远不能完全了解一个组件。Go语言说：你能。

在Go语言中，你可以询问接口它指向的对象是否是某个类型，比如：

```
var file1 Writer = ...
if file6, ok := file1.(*File); ok {
    ...
}
```

这个if语句判断file1接口指向的对象实例是否是*File类型，如果是则执行特定代码。

查询接口所指向的对象是否为某个类型的这种用法可以认为只是接口查询的一个特例。接口是对一组类型的公共特性的抽象，所以查询接口与查询具体类型的区别好比是下面这两句问话的区别：

```
>你是医生吗?
>是。
>你是某某某?
>是。
```

第一句问话查的是一个群体，是查询接口；而第二句问话已经到了具体的个体，是查询具体类型。

在C++、Java、C#等语言中，也有类似的动态查询能力，比如查询一个对象的类型是否继承自某个类型（基类查询），或者是否实现了某个接口（接口派生查询），但是它们的动态查询与Go的动态查询很不一样。

```
>你是医生吗?
```

对于上面这个问题，基类查询看起来像是在这么问："你老爸是医生吗？"接口派生查询则看起来像是这么问："你有医师执照吗？"在Go语言中，则是先确定满足什么样的条件才是医生，比如技能要求有哪些，然后才是按条件一一拷问，只要满足了条件你就是医生，而不关心你是否有医师执照。

3.5.5 类型查询

在Go语言中，还可以更加直截了当地询问接口指向的对象实例的类型，例如：

```
var v1 interface{} = ...
switch v := v1.(type) {
    case int:    // 现在v的类型是int
    case string: // 现在v的类型是string
    ...
}
```

就像现实生活中物种多得数不清一样，语言中的类型也多得数不清，所以类型查询并不经常使用。它更多是个补充，需要配合接口查询使用，例如：

```
type Stringer interface {
    String() string
}

func Println(args ...interface{}) {
    for _, arg := range args {
        switch v := arg.(type) {
            case int:                          // 现在v的类型是int
            case string:                       // 现在v的类型是string
            default:
            if v, ok := arg.(Stringer); ok { // 现在v的类型是Stringer
                val := v.String()
                // ...
            } else {
                // ...
            }
        }
    }
}
```

当然，Go语言标准库的Println()比这个例子要复杂很多，我们这里只摘取其中的关键部分进行分析。对于内置类型，Println()采用穷举法，将每个类型转换为字符串进行打印。对于更一般的情况，首先确定该类型是否实现了String()方法，如果实现了，则用String()方法将其转换为字符串进行打印。否则，Println()利用反射功能来遍历对象的所有成员变量进行打印。

是的，利用反射也可以进行类型查询，详情可参阅reflect.TypeOf()方法的相关文档。此外，在9.1节中，我们也会探讨反射相关的话题。

3.5.6 接口组合

像之前介绍的类型组合一样，Go语言同样支持接口组合。我们已经介绍过Go语言包中io.Reader接口和io.Writer接口，接下来我们再介绍同样来自于io包的另一个接口io.ReadWriter：

```
// ReadWriter接口将基本的Read和Write方法组合起来
type ReadWriter interface {
    Reader
    Writer
}
```

这个接口组合了Reader和Writer两个接口，它完全等同于如下写法：

```
type ReadWriter interface {
    Read(p []byte) (n int, err error)
    Write(p []byte) (n int, err error)
}
```

因为这两种写法的表意完全相同：ReadWriter接口既能做Reader接口的所有事情，又能做Writer接口的所有事情。在Go语言包中，还有众多类似的组合接口，比如ReadWriteCloser、ReadWriteSeeker、ReadSeeker和WriteCloser等。

可以认为接口组合是类型匿名组合的一个特定场景，只不过接口只包含方法，而不包含任何成员变量。

3.5.7 Any 类型

由于Go语言中任何对象实例都满足空接口interface{}，所以interface{}看起来像是可以指向任何对象的Any类型，如下：

```
var v1 interface{} = 1          // 将int类型赋值给interface{}
var v2 interface{} = "abc"      // 将string类型赋值给interface{}
var v3 interface{} = &v2        // 将*interface{}类型赋值给interface{}
var v4 interface{} = struct{ X int }{1}
var v5 interface{} = &struct{ X int }{1}
```

当函数可以接受任意的对象实例时，我们会将其声明为interface{}，最典型的例子是标准库fmt中PrintXXX系列的函数，例如：

```
func Printf(fmt string, args ...interface{})
func Println(args ...interface{})
...
```

总体来说，interface{}类似于COM中的IUnknown，我们刚开始对其一无所知，但可以通过接口查询和类型查询逐步了解它。

3.6 完整示例

为了演示Go语言的面向对象编程特性，本章中我们设计并实现了一个音乐播放器程序。这个程序只是用于演示面向对象特性，因此请读者不要期望能看到华丽的播放界面，听到优美的音乐。我们会示范以下的关键流程：

(1) 音乐库功能，使用者可以查看、添加和删除里面的音乐曲目；

(2) 播放音乐；

（3）支持MP3和WAV，但也能随时扩展以支持更多的音乐类型；

（4）退出程序。

由于Go语言初始定位为高并发的服务器端程序，尚未在GUI的支持上花费大量的精力，而当前版本的Go语言标准库中没有提供GUI相关的功能，也没有成熟的第三方界面库，因此不太适合开发GUI程序。因此，这个程序仍然会是一个命令行程序，我们将其命名为Simple Media Player（SMP）。该程序在运行后进入一个循环，用于监听命令输入的状态。该程序将接受以下命令。

❑ 音乐库管理命令：`lib`，包括`list/add/remove`命令。

❑ 播放管理：`play`命令，`play`后带歌曲名参数。

❑ 退出程序：`q`命令。

3.6.1   音乐库

我们先来实现音乐库的管理模块，它管理的对象为音乐。每首音乐都包含以下信息：

❑ 唯一的ID；

❑ 音乐名；

❑ 艺术家名；

❑ 音乐位置；

❑ 音乐文件类型（MP3和WAV等）。

下面我们先定义音乐的结构体，具体如下所示：

```go
type MusicEntry struct {
    Id string
    Name string
    Artist string
    Source string
    Type string
}
```

然后开始实现这个音乐库管理类型，其中我们使用了一个数组切片作为基础存储结构，其他的操作其实都只是对这个数组切片的包装，如代码清单3-1所示。

代码清单3-1   manager.go

```go
package mlib

import "errors"

type MusicManager struct {
    musics []MusicEntry
}

func NewMusicManager() *MusicManager {
    return &MusicManager{make([]MusicEntry, 0)}
}
```

```go
func (m *MusicManager) Len() int {
    return len(m.musics)
}

func (m *MusicManager) Get(index int) (music *MusicEntry, err error) {
    if index < 0 || index >= len(m.musics) {
        return nil, errors.New("Index out of range.")
    }
    return &m.musics[index], nil
}

func (m *MusicManager) Find(name string) *MusicEntry {
    if len(m.musics) == 0 {
        return nil
    }

    for _, m := range m.musics {
        if m.Name == name {
            return &m
        }
    }
    return nil
}

func (m *MusicManager) Add(music *MusicEntry) {
    m.musics = append(m.musics, *music)
}

func (m *MusicManager) Remove(index int) *MusicEntry {
    if index < 0 || index >= len(m.musics) {
        return nil
    }

    removedMusic := &m.musics[index]

    m.musics = append(m.musics[:index],m.musics[index+1:]...)

    return removedMusic
}
```

实现了这么重要的一个基础数据管理模块后，我们应该马上编写单元测试，而不是给自己借口说等将来有空的时候再补上。代码清单3-2实现了 MusicManager 类型的单元测试。

代码清单3-2 manager_test.go

```go
package mlib

import (
    "testing"
)

func TestOps(t *testing.T) {
```

```
mm := NewMusicManager()
if mm == nil {
    t.Error("NewMusicManager failed.")
}
if mm.Len() != 0 {
    t.Error("NewMusicManager failed, not empty.")
}
m0 := &MusicEntry{
    "1", "My Heart Will Go On", "Celion Dion", Pop,
    "http://qbox.me/24501234", MP3,}
mm.Add(m0)

if mm.Len() != 1 {
    t.Error("MusicManager.Add() failed.")
}

m := mm.Find(m0.Name)
if m == nil {
    t.Error("MusicManager.Find() failed.")
}
if m.Id != m0.Id || m.Artist != m0.Artist ||
    m.Name != m0.Name || m.Genre != m0.Genre ||
    m.Source != m0.Source || m.Type != m0.Type {
    t.Error("MusicManager.Find() failed. Found item mismatch.")
}

m, err := mm.Get(0)
if m == nil {
    t.Error("MusicManager.Get() failed.", err)
}

m = mm.Remove(0)
if m == nil || mm.Len() != 0 {
    t.Error("MusicManager.Remove() failed.", err)
}
}
```

这个单元测试看起来似乎有些偷懒，但它基本上已经覆盖了MusicManager的所有功能，实际上也确实测出了MusicManager实现过程中的几个问题。因此，养成良好的单元测试习惯还是非常有价值的。

3.6.2   音乐播放

我们接下来设计和实现音乐播放模块。按我们之前设置的目标，音乐播放模块应该是很容易扩展的，不应该在每次增加一种新音乐文件类型支持时都就需要大幅调整代码。我们来设计一个简单但又足够通用的播放函数：

```
func Play(source, mtype string)
```

这里没有直接将MusicEntry作为参数传入，这是因为MusicEntry包含了一些多余的信息。本着最小原则，我们只需要将真正需要的信息传入即可，即音乐文件的位置以及音乐的类型。

下面我们设计一个简单的接口：

```go
type Player interface {
    Play(source string)
}
```

然后我们可以通过一批类型（比如MP3Player和WAVPlayer等）来实现这个接口，以达到尽量的架构灵活性。因此，我们可以如代码清单3-3所示实现这个总入口函数。

代码清单3-3　play.go

```go
package mp

import "fmt"

type Player interface {
    Play(source string)
}

func Play(source, mtype string) {

    var p Player

    switch mtype {
        case "MP3":
            p = &MP3Player{}
        case "WAV":
            p = &WAVPlayer{}
        default:
            fmt.Println("Unsupported music type", mtype)
            return
    }

    p.Play(source)
}
```

因为我们这个例子并不会真正实现多媒体文件的解码和播放过程，所以对于MP3Player和WAVPlayer，我们只实现其中一个作为示例，如代码清单3-4所示。

代码清单3-4　mp3.go

```go
package mp

import (
    "fmt"
    "time"
)

type MP3Player struct {
    stat int
```

```
        progress int
}

func (p *MP3Player)Play(source string) {

    fmt.Println("Playing MP3 music", source)

    p.progress = 0

    for p.progress < 100 {
        time.Sleep(100 * time.Millisecond) // 假装正在播放
        fmt.Print(".")
        p.progress += 10
    }

    fmt.Println("\nFinished playing", source)
}
```

当然，我们也应该对播放流程进行单元测试。因为单元测试比较简单，这里就不再列出完整的单元测试代码了。

3.6.3 主程序

核心模块已经设计和实现完毕，现在就该使用它们了。我们的主程序是一个命令行交互程序，用户可以通过输入命令来控制播放过程以及获取播放信息。因为主程序与面向对象关系不大，所以我们只是为了完整性而把源代码列在这里，但不作过多解释。在这里，读者可以顺便了解一下命令行交互程序在Go语言中的常规实现方式。代码清单3-5实现了音乐播放器的主程序。

代码清单3-5 mplayer.go

```
package main

import (
    "bufio"
    "fmt"
    "os"
    "strconv"
    "strings"

    "smp/mlib"
    "smp/mp"
)

var lib *mlib.MusicManager
var id int = 1
var ctrl, signal chan int

func handleLibCommands(tokens []string) {
    switch tokens[1] {
        case "list":
            for i := 0; i < lib.Len(); i++ {
```

```
                e, _ := lib.Get(i)
                fmt.Println(i+1, ":", e.Name, e.Artist, e.Source, e.Type)
            }
        case "add": {
            if len(tokens) == 6 {
                id++
                lib.Add(&mlib.MusicEntry{strconv.Itoa(id),
                    tokens[2], tokens[3], tokens[4], tokens[5]})
            } else {
                fmt.Println("USAGE: lib add <name><artist><source><type>")
            }
        }
        case "remove":
            if len(tokens) == 3 {
                lib.RemoveByName(tokens[2])
            } else {
                fmt.Println("USAGE: lib remove <name>")
            }
        default:
            fmt.Println("Unrecognized lib command:", tokens[1])
        }
}

func handlePlayCommand(tokens []string) {
    if len(tokens) != 2 {
        fmt.Println("USAGE: play <name>")
        return
    }

    e := lib.Find(tokens[1])
    if e == nil {
        fmt.Println("The music", tokens[1], "does not exist.")
        return
    }

    mp.Play(e.Source, e.Type, ctrl, signal)
}

func main() {
    fmt.Println(`
            Enter following commands to control the player:
            lib list -- View the existing music lib
            lib add <name><artist><source><type> -- Add a music to the music lib
            lib remove <name> -- Remove the specified music from the lib
            play <name> -- Play the specified music
    `)
    lib = mlib.NewMusicManager()

    r := bufio.NewReader(os.Stdin)

    for {
        fmt.Print("Enter command-> ")

        rawLine, _, _ := r.ReadLine()
```

```go
        line := string(rawLine)

        if line == "q" || line == "e" {
            break
        }

        tokens := strings.Split(line, " ")

        if tokens[0] == "lib" {
            handleLibCommands(tokens)
        } else if tokens[0] == "play" {
            handlePlayCommand(tokens)
        } else {
            fmt.Println("Unrecognized command:", tokens[0])
        }
    }
}
```

3.6.4 构建运行

所有代码已经写完，现在可以开始构建并运行程序了，具体如下所示：

```
$ go run mplayer.go

Enter following commands to control the player:
lib list -- View the existing music lib
lib add <name><artist><source><type> -- Add a music to the music lib
lib remove <name> -- Remove the specified music from the lib
play <name> -- Play the specified music

Enter command-> lib add HugeStone MJ ~/MusicLib/hs.mp3 MP3
Enter command-> play HugeStone
Playing MP3 music ~/MusicLib/hs.mp3
..........
Finished playing ~/MusicLib/hs.mp3
Enter command-> lib list
1 : HugeStone MJ ~/MusicLib/hs.mp3 MP3
Enter command-> lib view
Enter command-> q
```

3.6.5 遗留问题

这个程序虽然已经写好，但是很显然它离一个可实际使用的程序还相差很远，下面我们就来谈谈遗留问题以及对策。

1. 多任务

当前，我们这个程序还只是单任务程序，即同时只能执行一个任务，比如音乐正在播放时，用户不能做其他任何事情。作为一个运行在现代多任务操作系统上的应用程序，这种做法肯定是无法被用户接受的。音乐播放过程不应导致用户界面无法响应，因此播放应该在一个单独的线程中，并能够与主程序相互通信。而且像一般的媒体播放器一样，在播放音乐的同时，我们甚至也要支持一些视觉效果的播放，即至少需要这么几个线程：用户界面、音乐播放和视频播放。

考虑到这个需求，我们自然而然地想到了使用Go语言的看家本领goroutine，比如将上面的播放进行稍微修改后即可将Play()函数作为一个独立的goroutine运行。

2. 控制播放

因为当前这个设计是单任务的，所以播放过程无法接受外部的输入。然而作为一个成熟的播放器，我们至少需要支持暂停和停止等功能，甚至包括设置当前播放位置等。假设我们已经将播放过程放到一个独立的goroutine中，那么现在就是如何对这个goroutine进行控制的问题，这可以使用Go语言的channel功能来实现。

关于goroutine和channel的特性，我们会在第4章中详细介绍。

随着本书的逐渐展开，读者也会越来越熟悉如何用Go语言轻巧地解决在用其他语言开发时遇到的各种问题。相比而言，用Go语言可以大幅度降低代码量。从软件工程的角度而言，降低代码量不仅仅意味着工作量的降低，更重要的是产品质量更容易得到保障。

3.7　小结

本章我们详细讲解了Go语言面向对象编程的相关特性。众多读者可能会有一个疑问，那就是与C++、Java和C#这些经典的面向对象语言相比，为什么只用了比第2章还短的篇幅就介绍完本章？是Go语言在面向对象编程上的支持力度不够，还是本书没有介绍完整呢？

在回答这个问题之前，读者可以先考虑一个问题：基于本章介绍的Go语言的面向对象编程特性，有C++、Java和C#可以实现而Go语言无法表达和实现的场景吗？事实上我们很难想出这种场景，也就是Go语言看似简陋的面向对象编程特性已经可以满足需求，这反而映射了其他语言在这方面可能做了过多的工作。用简单的语法、更少的代码就可以做完的事情，为什么我还要自寻烦恼去学习繁复的语法，然后为众多实现细节而烦恼呢？

Go语言给我们开辟了一个新的视野，原来问题可以这么简单地解决。

第4章

并发编程

在"序"中，我们已经描述过Go语言中最重要的一个特性，那就是go关键字。

优雅的并发编程范式，完善的并发支持，出色的并发性能是Go语言区别于其他语言的一大特色。使用Go语言开发服务器程序时，就需要对它的并发机制有深入的了解。

4.1 并发基础

回到在Windows和Linux出现之前的古老年代，程序员在开发程序时并没有并发的概念，因为命令式程序设计语言是以串行为基础的，程序会顺序执行每一条指令，整个程序只有一个执行上下文，即一个调用栈，一个堆。并发则意味着程序在运行时有多个执行上下文，对应着多个调用栈。我们知道每一个进程在运行时，都有自己的调用栈和堆，有一个完整的上下文，而操作系统在调度进程的时候，会保存被调度进程的上下文环境，等该进程获得时间片后，再恢复该进程的上下文到系统中。

从整个操作系统层面来说，多个进程是可以并发的，那么并发的价值何在？下面我们先看以下几种场景。

- 一方面我们需要灵敏响应的图形用户界面，一方面程序还需要执行大量的运算或者IO密集操作，而我们需要让界面响应与运算同时执行。
- 当我们的Web服务器面对大量用户请求时，需要有更多的"Web服务器工作单元"来分别响应用户。
- 我们的事务处于分布式环境上，相同的工作单元在不同的计算机上处理着被分片的数据。
- 计算机的CPU从单内核（core）向多内核发展，而我们的程序都是串行的，计算机硬件的能力没有得到发挥。
- 我们的程序因为IO操作被阻塞，整个程序处于停滞状态，其他IO无关的任务无法执行。

从以上几个例子可以看到，串行程序在很多场景下无法满足我们的要求。下面我们归纳了并发程序的几条优点，让大家认识到并发势在必行：

- 并发能更客观地表现问题模型；
- 并发可以充分利用CPU核心的优势，提高程序的执行效率；
- 并发能充分利用CPU与其他硬件设备固有的异步性。

现在我们已经意识到并发的好处了，那么到底有哪些方式可以实现并发执行呢？就目前而言，并发包含以下几种主流的实现模型。

- **多进程**。多进程是在操作系统层面进行并发的基本模式。同时也是开销最大的模式。在Linux平台上，很多工具链正是采用这种模式在工作。比如某个Web服务器，它会有专门的进程负责网络端口的监听和链接管理，还会有专门的进程负责事务和运算。这种方法的好处在于简单、进程间互不影响，坏处在于系统开销大，因为所有的进程都是由内核管理的。

- **多线程**。多线程在大部分操作系统上都属于系统层面的并发模式，也是我们使用最多的最有效的一种模式。目前，我们所见的几乎所有工具链都会使用这种模式。它比多进程的开销小很多，但是其开销依旧比较大，且在高并发模式下，效率会有影响。

- **基于回调的非阻塞/异步IO**。这种架构的诞生实际上来源于多线程模式的危机。在很多高并发服务器开发实践中，使用多线程模式会很快耗尽服务器的内存和CPU资源。而这种模式通过事件驱动的方式使用异步IO，使服务器持续运转，且尽可能地少用线程，降低开销，它目前在Node.js中得到了很好的实践。但是使用这种模式，编程比多线程要复杂，因为它把流程做了分割，对于问题本身的反应不够自然。

- **协程**。协程（Coroutine）本质上是一种用户态线程，不需要操作系统来进行抢占式调度，且在真正的实现中寄存于线程中，因此，系统开销极小，可以有效提高线程的任务并发性，而避免多线程的缺点。使用协程的优点是编程简单，结构清晰；缺点是需要语言的支持，如果不支持，则需要用户在程序中自行实现调度器。目前，原生支持协程的语言还很少。

接下来我们先诠释一下传统并发模型的缺陷，之后再讲解goroutine并发模型是如何逐一解决这些缺陷的。

人的思维模式可以认为是串行的，而且串行的事务具有确定性。线程类并发模式在原先的确定性中引入了不确定性，这种不确定性给程序的行为带来了意外和危害，也让程序变得不可控。线程之间通信只能采用共享内存的方式。为了保证共享内存的有效性，我们采取了很多措施，比如加锁等，来避免资源竞争，然而锁的引入又带来死锁的可能。实践证明，我们很难面面俱到，往往会在工程中遇到各种奇怪的故障和问题。

我们可以将之前的线程加共享内存的方式归纳为"共享内存系统"，虽然共享内存系统是一种有效的并发模式，但它也暴露了众多使用上的问题。计算机科学家们在近40年的研究中又产生了一种新的系统模型，称为"消息传递系统"。

对线程间共享状态的各种操作都被封装在线程之间传递的消息中，这通常要求：发送消息时对状态进行复制，并且在消息传递的边界上交出这个状态的所有权。从逻辑上来看，这个操作与共享内存系统中执行的原子更新操作相同，但从物理上来看则非常不同。由于需要执行复制操作，所以大多数消息传递的实现在性能上并不优越，但线程中的状态管理工作通常会变得更为简单。

最早被广泛应用的消息传递系统是由C. A. R. Hoare在他的*Communicating Sequential Processes*中提出的。在CSP系统中，所有的并发操作都是通过独立线程以异步运行的方式来实现的。这些线程必须通过在彼此之间发送消息，从而向另一个线程请求信息或者将信息提供给另一个线程。使用类似CSP的系统将提高编程的抽象级别。

随着时间的推移，一些语言开始完善消息传递系统，并以此为核心支持并发，比如Erlang。

4.2   协程

执行体是个抽象的概念，在操作系统层面有多个概念与之对应，比如操作系统自己掌管的进程（process）、进程内的线程（thread）以及进程内的协程（coroutine，也叫轻量级线程）。与传统的系统级线程和进程相比，协程的最大优势在于其"轻量级"，可以轻松创建上百万个而不会导致系统资源衰竭，而线程和进程通常最多也不能超过1万个。这也是协程也叫轻量级线程的原因。

多数语言在语法层面并不直接支持协程，而是通过库的方式支持，但用库的方式支持的功能也并不完整，比如仅仅提供轻量级线程的创建、销毁与切换等能力。如果在这样的轻量级线程中调用一个同步 IO 操作，比如网络通信、本地文件读写，都会阻塞其他的并发执行轻量级线程，从而无法真正达到轻量级线程本身期望达到的目标。

Go 语言在语言级别支持轻量级线程，叫goroutine。Go 语言标准库提供的所有系统调用操作（当然也包括所有同步 IO 操作），都会出让 CPU 给其他goroutine。这让事情变得非常简单，让轻量级线程的切换管理不依赖于系统的线程和进程，也不依赖于CPU的核心数量。

4.3   goroutine

goroutine是Go语言中的轻量级线程实现，由Go运行时（runtime）管理。你将会发现，它的使用出人意料得简单。

假设我们需要实现一个函数Add()，它把两个参数相加，并将结果打印到屏幕上，具体代码如下：

```
func Add(x, y int) {
    z := x + y
    fmt.Println(z)
}
```

那么，如何让这个函数并发执行呢?具体代码如下：

```
go Add(1, 1)
```

是不是很简单?

你应该已经猜到，"go"这个单词是关键。与普通的函数调用相比，这也是唯一的区别。的确，go是Go语言中最重要的关键字，这一点从Go语言本身的命名即可看出。

在一个函数调用前加上go关键字，这次调用就会在一个新的goroutine中并发执行。当被调用的函数返回时，这个goroutine也自动结束了。需要注意的是，如果这个函数有返回值，那么这个返回值会被丢弃。

好了，现在让我们动手试一下吧，还是刚才Add()函数的例子，具体的代码如代码清单4-1所示。

代码清单4-1 add.go

```
package main

import "fmt"

func Add(x, y int) {
    z := x + y
    fmt.Println(z)
}

func main() {
    for i := 0; i < 10; i++ {
        go Add(i, i)
    }
}
```

在上面的代码里，我们在一个for循环中调用了10次Add()函数，它们是并发执行的。可是当你编译执行了上面的代码，就会发现一些奇怪的现象：

"什么？！屏幕上什么都没有，程序没有正常工作！"

是什么原因呢？明明调用了10次Add()，应该有10次屏幕输出才对。要解释这个现象，就涉及Go语言的程序执行机制了。

Go程序从初始化main package并执行main()函数开始，当main()函数返回时，程序退出，且程序并不等待其他goroutine（非主goroutine）结束。

对于上面的例子，主函数启动了10个goroutine，然后返回，这时程序就退出了，而被启动的执行Add(i, i)的goroutine没有来得及执行，所以程序没有任何输出。

OK，问题找到了，怎么解决呢？提到这一点，估计写过多线程程序的读者就已经恍然大悟，并且摩拳擦掌地准备使用类似WaitForSingleObject之类的调用，或者写个自己很拿手的忙等待或者稍微先进一些的sleep循环等待来等待所有线程执行完毕。

在Go语言中有自己推荐的方式，它要比这些方法都优雅得多。

要让主函数等待所有goroutine退出后再返回，如何知道goroutine都退出了呢？这就引出了多个goroutine之间通信的问题。下一节我们将主要解决这个问题。

4.4 并发通信

从上面的例子中可以看到，关键字go的引入使得在Go语言中并发编程变得简单而优雅，但我们同时也应该意识到并发编程的原生复杂性，并时刻对并发中容易出现的问题保持警惕。别忘了，我们的例子还不能正常工作呢。

事实上，不管是什么平台，什么编程语言，不管在哪，并发都是一个大话题。话题大小通常也直接对应于问题的大小。并发编程的难度在于协调，而协调就要通过交流。从这个角度看来，并发单元间的通信是最大的问题。

在工程上，有两种最常见的并发通信模型：共享数据和消息。

共享数据是指多个并发单元分别保持对同一个数据的引用，实现对该数据的共享。被共享的数据可能有多种形式，比如内存数据块、磁盘文件、网络数据等。在实际工程应用中最常见的无疑是内存了，也就是常说的共享内存。

先看看我们在C语言中通常是怎么处理线程间数据共享的，如代码清单4-2所示。

代码清单4-2   thread.c

```c
#include <stdio.h>
#include <stdlib.h>
#include <pthread.h>

void *count();
pthread_mutex_t mutex1 = PTHREAD_MUTEX_INITIALIZER;
int   counter = 0;

main()
{
    int rc1, rc2;
    pthread_t thread1, thread2;

    /* 创建线程，每个线程独立执行函数function count */

    if((rc1 = pthread_create(&thread1, NULL, &count, NULL)))
    {
        printf("Thread creation failed: %d\n", rc1);
    }

    if((rc2 = pthread_create(&thread2, NULL, &count, NULL)))
    {
        printf("Thread creation failed: %d\n", rc2);
    }

    /* 等待所有线程执行完毕 */
    pthread_join( thread1, NULL);
    pthread_join( thread2, NULL);

    exit(0);
}

void *count()
{
    pthread_mutex_lock( &mutex1 );
    counter++;
    printf("Counter value: %d\n",counter);
    pthread_mutex_unlock( &mutex1 );
}
```

现在我们尝试将这段C语言代码直接翻译为Go语言代码，如代码清单4-3所示。

代码清单4-3　thread.go

```go
package main

import "fmt"
import "sync"
import "runtime"

var counter int = 0

func Count(lock *sync.Mutex) {
    lock.Lock()
    counter++
    fmt.Println(counter)
    lock.Unlock()
}

func main() {
    lock := &sync.Mutex{}

    for i := 0; i < 10; i++ {
        go Count(lock)
    }

    for {
        lock.Lock()

        c := counter

        lock.Unlock()

        runtime.Gosched()
        if c >= 10 {
            break
        }
    }
}
```

此时这个例子终于可以正常工作了。

在上面的例子中，我们在10个goroutine中共享了变量counter。每个goroutine执行完成后，将counter的值加1。因为10个goroutine是并发执行的，所以我们还引入了锁，也就是代码中的lock变量。每次对n的操作，都要先将锁锁住，操作完成后，再将锁打开。在主函数中，使用for循环来不断检查counter的值（同样需要加锁）。当其值达到10时，说明所有goroutine都执行完毕了，这时主函数返回，程序退出。

事情好像开始变得糟糕了。实现一个如此简单的功能，却写出如此臃肿而且难以理解的代码。想象一下，在一个大的系统中具有无数的锁、无数的共享变量、无数的业务逻辑与错误处理分支，那将是一场噩梦。这噩梦就是众多C/C++开发者正在经历的，其实Java和C#开发者也好不到哪里去。

Go语言既然以并发编程作为语言的最核心优势，当然不至于将这样的问题用这么无奈的方式来解决。Go语言提供的是另一种通信模型，即以消息机制而非共享内存作为通信方式。

消息机制认为每个并发单元是自包含的、独立的个体，并且都有自己的变量，但在不同并发单元间这些变量不共享。每个并发单元的输入和输出只有一种，那就是消息。这有点类似于进程的概念，每个进程不会被其他进程打扰，它只做好自己的工作就可以了。不同进程间靠消息来通信，它们不会共享内存。

Go语言提供的消息通信机制被称为channel，接下来我们将详细介绍channel。现在，让我们用Go语言社区的那句著名的口号来结束这一小节：

"不要通过共享内存来通信，而应该通过通信来共享内存。"

4.5   channel

channel是Go语言在语言级别提供的goroutine间的通信方式。我们可以使用channel在两个或多个goroutine之间传递消息。channel是进程内的通信方式，因此通过channel传递对象的过程和调用函数时的参数传递行为比较一致，比如也可以传递指针等。如果需要跨进程通信，我们建议用分布式系统的方法来解决，比如使用Socket或者HTTP等通信协议。Go语言对于网络方面也有非常完善的支持。

channel是类型相关的。也就是说，一个channel只能传递一种类型的值，这个类型需要在声明channel时指定。如果对Unix管道有所了解的话，就不难理解channel，可以将其认为是一种类型安全的管道。

在了解channel的语法前，我们先看下用channel的方式重写上面的例子是什么样子的，以此对channel先有一个直观的认识，如代码清单4-4所示。

代码清单4-4   channel.go

```go
package main

import "fmt"

func Count(ch chan int) {
    fmt.Println("Counting")
    ch <- 1
}

func main() {
    chs := make([]chan int, 10)
    for i := 0; i < 10; i++ {
        chs[i] = make(chan int)
        go Count(chs[i])
    }

    for _, ch := range(chs) {
        <-ch
    }
}
```

在这个例子中，我们定义了一个包含10个channel的数组（名为chs），并把数组中的每个channel分配给10个不同的goroutine。在每个goroutine的`fmt.Println()`函数完成后，我们通过`ch <- 1`语句向对应的channel中写入一个数据。在这个channel被读取前，这个操作是阻塞的。在所有的goroutine启动完成后，我们通过`<-ch`语句从10个channel中依次读取数据。在对应的channel写入数据前，这个操作也是阻塞的。这样，我们就用channel实现了类似锁的功能，进而保证了所有goroutine完成后主函数才返回。是不是比共享内存的方式更简单、优雅呢？

我们在使用Go语言开发时，经常会遇到需要实现条件等待的场景，这也是channel可以发挥作用的地方。对channel的熟练使用，才能真正理解和掌握Go语言并发编程。下面我们学习下channel的基本语法。

4.5.1 基本语法

一般channel的声明形式为：

var chanName **chan** ElementType

与一般的变量声明不同的地方仅仅是在类型之前加了`chan`关键字。`ElementType`指定这个channel所能传递的元素类型。举个例子，我们声明一个传递类型为`int`的channel：

var ch **chan** int

或者，我们声明一个map，元素是`bool`型的channel：

var m **map**[string] **chan** bool

上面的语句都是合法的。

定义一个channel也很简单，直接使用内置的函数`make()`即可：

ch := **make**(**chan** int)

这就声明并初始化了一个`int`型的名为ch的channel。

在channel的用法中，最常见的包括写入和读出。将一个数据写入（发送）至channel的语法很直观，如下：

ch <- value

向channel写入数据通常会导致程序阻塞，直到有其他goroutine从这个channel中读取数据。从channel中读取数据的语法是

value := <-ch

如果channel之前没有写入数据，那么从channel中读取数据也会导致程序阻塞，直到channel中被写入数据为止。我们之后还会提到如何控制channel只接受写或者只允许读取，即单向channel。

4.5.2 select

早在Unix时代，select机制就已经被引入。通过调用select()函数来监控一系列的文件句

柄，一旦其中一个文件句柄发生了IO动作，该select()调用就会被返回。后来该机制也被用于实现高并发的Socket服务器程序。Go语言直接在语言级别支持select关键字，用于处理异步IO问题。

select的用法与switch语言非常类似，由select开始一个新的选择块，每个选择条件由case语句来描述。与switch语句可以选择任何可使用相等比较的条件相比，select有比较多的限制，其中最大的一条限制就是每个case语句里必须是一个channel操作，大致的结构如下：

```
select {
    case <-chan1:
    // 如果chan1成功读到数据，则进行该case处理语句
    case chan2 <- 1:
    // 如果成功向chan2写入数据，则进行该case处理语句
    default:
    // 如果上面都没有成功，则进入default处理流程
}
```

可以看出，select不像switch，后面并不带判断条件，而是直接去查看case语句。每个case语句都必须是一个面向channel的操作。比如上面的例子中，第一个case试图从chan1读取一个数据并直接忽略读到的数据，而第二个case则是试图向chan2中写入一个整型数1，如果这两者都没有成功，则到达default语句。

基于此功能，我们可以实现一个有趣的程序：

```
ch := make(chan int, 1)
for {
    select {
        case ch <- 0:
        case ch <- 1:
    }
    i := <-ch
    fmt.Println("Value received:", i)
}
```

能看明白这段代码的含义吗？其实很简单，这个程序实现了一个随机向ch中写入一个0或者1的过程。当然，这是个死循环。

4.5.3 缓冲机制

之前我们示范创建的都是不带缓冲的channel，这种做法对于传递单个数据的场景可以接受，但对于需要持续传输大量数据的场景就有些不合适了。接下来我们介绍如何给channel带上缓冲，从而达到消息队列的效果。

要创建一个带缓冲的channel，其实也非常容易：

```
c := make(chan int, 1024)
```

在调用make()时将缓冲区大小作为第二个参数传入即可，比如上面这个例子就创建了一个大小为1024的int类型channel，即使没有读取方，写入方也可以一直往channel里写入，在缓冲区被填完之前都不会阻塞。

从带缓冲的channel中读取数据可以使用与常规非缓冲channel完全一致的方法，但我们也可以使用range关键字来实现更为简便的循环读取：

```
for i := range c {
    fmt.Println("Received:", i)
}
```

4.5.4 超时机制

在之前对channel的介绍中，我们完全没有提到错误处理的问题，而这个问题显然是不能被忽略的。在并发编程的通信过程中，最需要处理的就是超时问题，即向channel写数据时发现channel已满，或者从channel试图读取数据时发现channel为空。如果不正确处理这些情况，很可能会导致整个goroutine锁死。

虽然goroutine是Go语言引入的新概念，但通信锁死问题已经存在很长时间，在之前的C/C++开发中也存在。操作系统在提供此类系统级通信函数时也会考虑到超时场景，因此这些方法通常都会带一个独立的超时参数。超过设定的时间时，仍然没有处理完任务，则该方法会立即终止并返回对应的超时信息。超时机制本身虽然也会带来一些问题，比如在运行比较快的机器或者高速的网络上运行正常的程序，到了慢速的机器或者网络上运行就会出问题，从而出现结果不一致的现象，但从根本上来说，解决死锁问题的价值要远大于所带来的问题。

使用channel时需要小心，比如对于以下这个用法：

```
i := <-ch
```

不出问题的话一切都正常运行。但如果出现了一个错误情况，即永远都没有人往ch里写数据，那么上述这个读取动作也将永远无法从ch中读取到数据，导致的结果就是整个goroutine永远阻塞并没有挽回的机会。如果channel只是被同一个开发者使用，那样出问题的可能性还低一些。但如果一旦对外公开，就必须考虑到最差的情况并对程序进行保护。

Go语言没有提供直接的超时处理机制，但我们可以利用select机制。虽然select机制不是专为超时而设计的，却能很方便地解决超时问题。因为select的特点是只要其中一个case已经完成，程序就会继续往下执行，而不会考虑其他case的情况。

基于此特性，我们来为channel实现超时机制：

```
// 首先，我们实现并执行一个匿名的超时等待函数
timeout := make(chan bool, 1)
go func() {
    time.Sleep(1e9) // 等待1秒钟
    timeout <- true
}()

// 然后我们把timeout这个channel利用起来
select {
    case <-ch:
        // 从ch中读取到数据
    case <-timeout:
        // 一直没有从ch中读取到数据，但从timeout中读取到了数据
}
```

这样使用select机制可以避免永久等待的问题，因为程序会在timeout中获取到一个数据后继续执行，无论对ch的读取是否还处于等待状态，从而达成1秒超时的效果。

这种写法看起来是一个小技巧，但却是在Go语言开发中避免channel通信超时的最有效方法。在实际的开发过程中，这种写法也需要被合理利用起来，从而有效地提高代码质量。

4.5.5　channel 的传递

需要注意的是，在Go语言中channel本身也是一个原生类型，与map之类的类型地位一样，因此channel本身在定义后也可以通过channel来传递。

我们可以使用这个特性来实现*nix上非常常见的管道（pipe）特性。管道也是使用非常广泛的一种设计模式，比如在处理数据时，我们可以采用管道设计，这样可以比较容易以插件的方式增加数据的处理流程。

下面我们利用channel可被传递的特性来实现我们的管道。为了简化表达，我们假设在管道中传递的数据只是一个整型数，在实际的应用场景中这通常会是一个数据块。

首先限定基本的数据结构：

```
type PipeData struct {
    value int
    handler func(int) int
    next chan int
}
```

然后我们写一个常规的处理函数。我们只要定义一系列PipeData的数据结构并一起传递给这个函数，就可以达到流式处理数据的目的：

```
func handle(queue chan *PipeData) {
    for data := range queue {
        data.next <- data.handler(data.value)
    }
}
```

这里我们只给出了大概的样子，限于篇幅不再展开。同理，利用channel的这个可传递特性，我们可以实现非常强大、灵活的系统架构。相比之下，在C++、Java、C#中，要达成这样的效果，通常就意味着要设计一系列接口。

与Go语言接口的非侵入式类似，channel的这些特性也可以大大降低开发者的心智成本，用一些比较简单却实用的方式来达成在其他语言中需要使用众多技巧才能达成的效果。

4.5.6　单向 channel

顾名思义，单向channel只能用于发送或者接收数据。channel本身必然是同时支持读写的，否则根本没法用。假如一个channel真的只能读，那么肯定只会是空的，因为你没机会往里面写数据。同理，如果一个channel只允许写，即使写进去了，也没有丝毫意义，因为没有机会读取里面的数据。所谓的单向channel概念，其实只是对channel的一种使用限制。

我们在将一个channel变量传递到一个函数时，可以通过将其指定为单向channel变量，从而限制该函数中可以对此channel的操作，比如只能往这个channel写，或者只能从这个channel读。

单向channel变量的声明非常简单，如下：

```
var ch1 chan int       // ch1是一个正常的channel，不是单向的
var ch2 chan<- float64// ch2是单向channel，只用于写float64数据
var ch3 <-chan int     // ch3是单向channel，只用于读取int数据
```

那么单向channel如何初始化呢？之前我们已经提到过，channel是一个原生类型，因此不仅支持被传递，还支持类型转换。只有在介绍了单向channel的概念后，读者才会明白类型转换对于channel的意义：就是在单向channel和双向channel之间进行转换。示例如下：

```
ch4 := make(chan int)
ch5 := <-chan int(ch4) // ch5就是一个单向的读取channel
ch6 := chan<- int(ch4) // ch6 是一个单向的写入channel
```

基于ch4，我们通过类型转换初始化了两个单向channel：单向读的ch5和单向写的ch6。

为什么要做这样的限制呢？从设计的角度考虑，所有的代码应该都遵循"最小权限原则"，从而避免没必要地使用泛滥问题，进而导致程序失控。写过C++程序的读者肯定就会联想起const指针的用法。非const指针具备const指针的所有功能，将一个指针设定为const就是明确告诉函数实现者不要试图对该指针进行修改。单向channel也是起到这样的一种契约作用。

下面我们来看一下单向channel的用法：

```
func Parse(ch <-chan int) {
    for value := range ch {
        fmt.Println("Parsing value", value)
    }
}
```

除非这个函数的实现者无耻地使用了类型转换，否则这个函数就不会因为各种原因而对ch进行写，避免在ch中出现非期望的数据，从而很好地实践最小权限原则。

4.5.7 关闭 channel

关闭channel非常简单，直接使用Go语言内置的close()函数即可：

```
close(ch)
```

在介绍了如何关闭channel之后，我们就多了一个问题：如何判断一个channel是否已经被关闭？我们可以在读取的时候使用多重返回值的方式：

```
x, ok := <-ch
```

这个用法与map中的按键获取value的过程比较类似，只需要看第二个bool返回值即可，如果返回值是false则表示ch已经被关闭。

4.6   多核并行化

在执行一些昂贵的计算任务时，我们希望能够尽量利用现代服务器普遍具备的多核特性来尽量将任务并行化，从而达到降低总计算时间的目的。此时我们需要了解CPU核心的数量，并针对性地分解计算任务到多个goroutine中去并行运行。

下面我们来模拟一个完全可以并行的计算任务：计算N个整型数的总和。我们可以将所有整型数分成M份，M即CPU的个数。让每个CPU开始计算分给它的那份计算任务，最后将每个CPU的计算结果再做一次累加，这样就可以得到所有N个整型数的总和：

```go
type Vector []float64

// 分配给每个CPU的计算任务
func (v Vector) DoSome(i, n int, u Vector, c chan int) {
    for ; i < n; i++ {
        v[i] += u.Op(v[i])
    }
    c <- 1                       // 发信号告诉任务管理者我已经计算完成了
}

const NCPU = 16                  // 假设总共有16核

func (v Vector) DoAll(u Vector) {

    c := make(chan int, NCPU)   // 用于接收每个CPU的任务完成信号

    for i := 0; i < NCPU; i++ {
        go v.DoSome(i*len(v)/NCPU, (i+1)*len(v)/NCPU, u, c)
    }

    // 等待所有CPU的任务完成
    for i := 0; i < NCPU; i++ {
        <-c    // 获取到一个数据，表示一个CPU计算完成了
    }
    // 到这里表示所有计算已经结束
}
```

这两个函数看起来设计非常合理。DoAll()会根据CPU核心的数目对任务进行分割，然后开辟多个goroutine来并行执行这些计算任务。

是否可以将总的计算时间降到接近原来的1/N呢？答案是不一定。如果掐秒表（正常点的话，应该用7.8节中介绍的Benchmark方法），会发现总的执行时间没有明显缩短。再去观察CPU运行状态，你会发现尽管我们有16个CPU核心，但在计算过程中其实只有一个CPU核心处于繁忙状态，这是会让很多Go语言初学者迷惑的问题。

官方的答案是，这是当前版本的Go编译器还不能很智能地去发现和利用多核的优势。虽然我们确实创建了多个goroutine，并且从运行状态看这些goroutine也都在并行运行，但实际上所有这些goroutine都运行在同一个CPU核心上，在一个goroutine得到时间片执行的时候，其他goroutine都会处于等待状态。从这一点可以看出，虽然goroutine简化了我们写并行代码的过程，但实际上

整体运行效率并不真正高于单线程程序。

在Go语言升级到默认支持多CPU的某个版本之前，我们可以先通过设置环境变量GOMAXPROCS的值来控制使用多少个CPU核心。具体操作方法是通过直接设置环境变量GOMAXPROCS的值，或者在代码中启动goroutine之前先调用以下这个语句以设置使用16个CPU核心：

```
runtime.GOMAXPROCS(16)
```

到底应该设置多少个CPU核心呢，其实runtime包中还提供了另外一个函数NumCPU()来获取核心数。可以看到，Go语言其实已经感知到所有的环境信息，下一版本中完全可以利用这些信息将goroutine调度到所有CPU核心上，从而最大化地利用服务器的多核计算能力。抛弃GOMAXPROCS只是个时间问题。

4.7　出让时间片

我们可以在每个goroutine中控制何时主动出让时间片给其他goroutine，这可以使用runtime包中的Gosched()函数实现。

实际上，如果要比较精细地控制goroutine的行为，就必须比较深入地了解Go语言开发包中runtime包所提供的具体功能。

4.8　同步

我们之前喊过一句口号，倡导用通信来共享数据，而不是通过共享数据来进行通信，但考虑到即使成功地用channel来作为通信手段，还是避免不了多个goroutine之间共享数据的问题，Go语言的设计者虽然对channel有极高的期望，但也提供了妥善的资源锁方案。

4.8.1　同步锁

Go语言包中的sync包提供了两种锁类型：sync.Mutex和sync.RWMutex。Mutex是最简单的一种锁类型，同时也比较暴力，当一个goroutine获得了Mutex后，其他goroutine就只能乖乖等到这个goroutine释放该Mutex。RWMutex相对友好些，是经典的单写多读模型。在读锁占用的情况下，会阻止写，但不阻止读，也就是多个goroutine可同时获取读锁（调用RLock()方法；而写锁（调用Lock()方法）会阻止任何其他goroutine（无论读和写）进来，整个锁相当于由该goroutine独占。从RWMutex的实现看，RWMutex类型其实组合了Mutex：

```
type RWMutex struct {
    w Mutex
    writerSem uint32
    readerSem   uint32
    readerCount int32
    readerWait  int32
}
```

对于这两种锁类型,任何一个 `Lock()` 或 `RLock()` 均需要保证对应有 `Unlock()` 或 `RUnlock()` 调用与之对应,否则可能导致等待该锁的所有 goroutine 处于饥饿状态,甚至可能导致死锁。锁的典型使用模式如下:

```
var l sync.Mutex
func foo() {
    l.Lock()
    defer l.Unlock()
    //...
}
```

这里我们再一次见证了 Go 语言 `defer` 关键字带来的优雅。

4.8.2 全局唯一性操作

对于从全局的角度只需要运行一次的代码,比如全局初始化操作,Go 语言提供了一个 `Once` 类型来保证全局的唯一性操作,具体代码如下:

```
var a string
var once sync.Once

func setup() {
    a = "hello, world"
}

func doprint() {
    once.Do(setup)
    print(a)
}

func twoprint() {
    go doprint()
    go doprint()
}
```

如果这段代码没有引入 Once, `setup()` 将会被每一个 goroutine 先调用一次,这至少对于这个例子是多余的。在现实中,我们也经常会遇到这样的情况。Go 语言标准库为我们引入了 `Once` 类型以解决这个问题。once 的 `Do()` 方法可以保证在全局范围内只调用指定的函数一次(这里指 `setup()` 函数),而且所有其他 goroutine 在调用到此语句时,将会先被阻塞,直至全局唯一的 `once.Do()` 调用结束后才继续。

这个机制比较轻巧地解决了使用其他语言时开发者不得不自行设计和实现这种 Once 效果的难题,也是 Go 语言为并发性编程做了尽量多考虑的一种体现。

如果没有 `once.Do()`,我们很可能只能添加一个全局的 bool 变量,在函数 `setup()` 的最后一行将该 bool 变量设置为 true。在对 `setup()` 的所有调用之前,需要先判断该 bool 变量是否已经被设置为 true,如果该值仍然是 false,则调用一次 `setup()`,否则应跳过该语句。实现代码如下所示:

```
var done bool = false

func setup() {
    a = "hello, world"
    done = true
}

func doprint() {
    if !done {
        setup()
    }
    print(a)
}
```

这段代码初看起来比较合理,但是细看还是会有问题,因为setup()并不是一个原子性操作,这种写法可能导致setup()函数被多次调用,从而无法达到全局只执行一次的目标。这个问题的复杂性也更加体现了Once类型的价值。

为了更好地控制并行中的原子性操作,sync包中还包含一个atomic子包,它提供了对于一些基础数据类型的原子操作函数,比如下面这个函数:

```
func CompareAndSwapUint64(val *uint64, old, new uint64) (swapped bool)
```

就提供了比较和交换两个uint64类型数据的操作。这让开发者无需再为这样的操作专门添加Lock操作。

4.9　完整示例

本节我们用一个棋牌游戏服务器的例子来比较完整地展现Go语言并发编程的威力。因为我们的重点不是网络编程,因此这个例子不会涉及网络层的细节。

另外,棋牌游戏通常由一组服务器协同以支持尽量多的同时在线玩家,但由于这种分布式设计除了增加了局域网通信,从模型上与单服务器设计是一致的,或者说只相当于把多台服务器的计算能力合并成逻辑上的一台单一服务器,所以本示例中我们只考虑单服务器、单进程的设计方法。

首先我们来分析这个项目的详细需求。作为一个棋牌游戏,需要支持玩家进行下面的基本操作:

- ❏ 登录游戏
- ❏ 查看房间列表
- ❏ 创建房间
- ❏ 加入房间
- ❏ 进行游戏
- ❏ 房间内聊天
- ❏ 游戏完成,退出房间
- ❏ 退出登录

棋牌游戏的特点在于房间与房间之间具备良好的隔离性,这也是最能够体现并行编程威力的地方。因为goroutine可创建的个数不受系统资源的限制,原则上一台服务器可以创建上百万个goroutine,也就是可能可以支撑上百万个房间。当然,考虑到每个房间都需要耗费计算和内存资源,实际上不可能达到这么高的数字,但我们可以预测与使用系统线程和系统进程来对应一个房间相比,显然使用goroutine可以支持得多很多。

接下来我们开始进行系统设计。先简化登录流程:用户只需要输入用户名就可以直接登录,无需验证过程。因此,对于用户管理,就是一个会话的管理流程。每个玩家对应的信息如下:

❑ 用户唯一ID
❑ 用户名,用于显示
❑ 玩家等级
❑ 经验值

实际的游戏设计当然要比这个复杂得多,比如还有社交关系、道具和技能等。鉴于这些细节并不影响架构,这里我们都一并略去。

总体上,我们可以将该示例划分为以下子系统:

❑ 玩家会话管理系统,用于管理每一位登录的玩家,包括玩家信息和玩家状态
❑ 大厅管理
❑ 房间管理系统,创建、管理和销毁每一个房间
❑ 游戏会话管理系统,管理房间内的所有动作,包括游戏进程和房间内聊天
❑ 聊天管理系统,用于接收管理员的广播信息

为了避免贴出太多源代码,这里我们只实现了最基础的会话管理系统和聊天管理系统。因为它们足以展示以下的技术问题:

❑ goroutine生命周期管理
❑ goroutine之间的通信
❑ 共享资源访问控制

其他子系统所使用的技术与我们实现的代码是完全一致的,只不过需要便携不同的业务代码。因此,相信即使我们没有实现所有子模块,如果读者有兴趣的话,要将其完整实现也并非难事。

我们的目录结构如下:

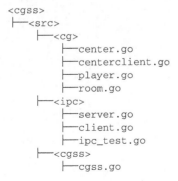

```
<cgss>
├─<src>
    ├─<cg>
        ├─center.go
        ├─centerclient.go
        ├─player.go
        └─room.go
    ├─<ipc>
        ├─server.go
        ├─client.go
        └─ipc_test.go
    ├─<cgss>
        └─cgss.go
```

4.9.1　简单 IPC 框架

简单IPC（进程间通信）框架的目的很简单，就是封装通信包的编码细节，让使用者可以专注于业务。我们这里用channel作为模块之间的通信方式。虽然channel可以传递任何数据类型，甚至包括另外一个channel，但为了让我们的架构更容易分拆，我们还是严格限制了只能用于传递JSON格式的字符串类型数据。这样如果之后想将这样的单进程示例修改为多进程的分布式架构，也不需要全部重写，只需替换通信层即可。代码清单4-5实现了这个IPC框架的服务器端。

代码清单4-5　server.go

```go
package ipc

import (
    "encoding/json"
    "fmt"
)

type Request struct {
    Method string `json:"method"`
    Params string `json:"params"`
}

type Response struct {
    Code string `json:"code"`
    Body string `json:"body"`
}

type Server interface {
    Name() string
    Handle(method, params string) *Response
}

type IpcServer struct {
    Server
}

func NewIpcServer(server Server) *IpcServer {
    return &IpcServer{server}
}

func (server *IpcServer)Connect() chan string {
    session := make(chan string, 0)

    go func(c chan string) {
        for {
            request := <-c

            if request  == "CLOSE" { // 关闭该连接
                break
            }
```

```go
        var req Request
        err := json.Unmarshal([]byte(request), &req)
        if err != nil {
            fmt.Println("Invalid request format:", request)
            return
        }

        resp := server.Handle(req.Method, req.Params)

        b, err := json.Marshal(resp)

        c <- string(b) // 返回结果
    }

    fmt.Println("Session closed.")

}(session)


    fmt.Println("A new session has been created successfully.")

    return session
}
```

可以看出，我们用Server接口确定了之后所要实现的业务服务器的统一接口。因为IPC框架已经解决了"网络层"通信的问题（这里的网络层用channel代替了），业务服务器的使用者只需要定义支持的指令，然后进行实现即可。稍后的中央服务器就是一个典型的业务服务器实现。代码清单4-6实现了IPC框架的客户端。

代码清单4-6　client.go

```go
package ipc

import (
    "encoding/json"
)

type IpcClient struct {
    conn chan string
}

func NewIpcClient(server *IpcServer) *IpcClient {
    c := server.Connect()

    return &IpcClient{c}
}

func (client *IpcClient)Call(method, params string)(resp *Response, err error) {

    req := &Request{method, params}

    var b []byte
        b, err = json.Marshal(req)
```

```
        if err != nil {
            return
        }

        client.conn <- string(b)
        str := <-client.conn  // 等待返回值

        var resp1 Response
        err = json.Unmarshal([]byte(str), &resp1)
        resp = &resp1

        return
    }

    func (client *IpcClient)Close() {
        client.conn <- "CLOSE"
    }
```

IpcClient的关键函数就是Call()了，这个函数会将调用信息封装成一个JSON格式的字符串发送到对应的channel，并等待获取反馈。

接下来对这个IPC框架进行单元测试，如代码清单4-7所示。

代码清单4-7   ipc_test.go

```
    package ipc

    import (
        "testing"
    )

    type EchoServer struct {
    }

    func (server *EchoServer)Handle(method, params string) *Response {
        return &Response{"OK", "ECHO: " + method + " ~ " + params}
    }

    func (server *EchoServer) Name() string {
        return "EchoServer"
    }

    func TestIpc(t *testing.T) {
        server := NewIpcServer(&EchoServer{})

        client1 := NewIpcClient(server)
        client2 := NewIpcClient(server)

        resp1, _ := client1.Call("foo", "From Client1")
        resp2, _ := client1.Call("foo", "From Client2")

        if resp1.Body != "ECHO: foo ~ From Client1" ||
           resp2.Body != "ECHO: foo ~ From Client2" {
            t.Error("IpcClient.Call failed. resp1:", resp1, "resp2:", resp2)
```

```
    }

    client1.Close()
        client2.Close()
}
```

4.9.2   中央服务器

我们接下来该实现中央服务器了。中央服务器为全局唯一实例,从原则上需要承担以下责任:
- 在线玩家的状态管理
- 服务器管理
- 聊天系统

我们现在因为没有实现其他服务器,所以服务器管理这一块先空着。目前聊天系统也先只实现了广播。要实现房间内聊天或者私聊,其实都可以根据当前的实现进行扩展。代码清单4-8实现了在线玩家的管理。

代码清单4-8   player.go

```
package cg

import (
    "fmt"
)

type Player struct {
    Name string
    Level int
    Exp int
    Room int

    mq chan *Message // 等待收取的消息
}

func NewPlayer() *Player {
    m := make(chan *Message, 1024)
    player := &Player{"", 0, 0, 0, m}

    go func(p *Player) {
        for {
            msg := <-p.mq
            fmt.Println(p.Name, "received message:", msg.Content)
        }
    }(player)

    return player
}
```

为了便于演示聊天系统,我们为每个玩家都起了一个独立的goroutine,监听所有发送给他们的聊天信息,一旦收到就即时打印到控制台上。代码清单4-9实现了中央服务器。

代码清单4-9 center.go

```go
package cg

import (
    "encoding/json"
    "errors"
    "sync"

    "ipc"
)

var _ ipc.Server = &CenterServer{} // 确认实现了Server接口

type Message struct {
    From string `json:"from"`
    To string `json:"to"`
    Content string `json:"content"`
}
// 这里 `...` 中的文本叫做tag，它只是普通字符串，你也可以理解为对结构体字段的注释，但它对反射机制可见。
// 很多编解码器都会利用反射机制的这个能力做编解码（Marshal/Unmarshal），这里是JSON编解码器做Marshal/
// Unmarshal需要

type CenterServer struct {
    servers map[string] ipc.Server
    players []*Player
    rooms []*Room
    mutex sync.RWMutex
}

func NewCenterServer() *CenterServer {
    servers := make(map[string] ipc.Server)
    players := make([]*Player, 0)

    return &CenterServer{servers:servers, players:players}
}

func (server *CenterServer)addPlayer(params string) error {

    player := NewPlayer()

    err := json.Unmarshal([]byte(params), &player)
    if err != nil {
        return err
    }

    server.mutex.Lock()
    defer server.mutex.Unlock()

    // 偷懒了，没做重复登录检查
    server.players = append(server.players, player)

    return nil
}

func (server *CenterServer)removePlayer(params string) error {
```

```go
    server.mutex.Lock()
    defer server.mutex.Unlock()

    for i, v := range server.players {
        if v.Name == params {
            if len(server.players) == 1 {
                server.players = make([]*Player, 0)
            } elseif i == len(server.players) - 1 {
                server.players = server.players[:i]
            } elseif i == 0 {
                server.players = server.players[1:]
            } else {
                server.players = append(server.players[:i - 1], server.players[:i +
                    1]...)
            }
        return nil
        }
    }

    return errors.New("Player not found.")
}

func (server *CenterServer)listPlayer(params string)(players string, err error) {

    server.mutex.RLock()
    defer server.mutex.RUnlock()

    if len(server.players) > 0 {
        b, _ := json.Marshal(server.players)
        players = string(b)
    } else {
        err = errors.New("No player online.")
    }
    return
}

func (server *CenterServer)broadcast(params string) error {

    var message Message
    err := json.Unmarshal([]byte(params), &message)
    if err != nil {
        return err
    }

    server.mutex.Lock()
    defer server.mutex.Unlock()

    if len(server.players) > 0 {
        for _, player := range server.players {
            player.mq <- &message
        }
    } else {
        err = errors.New("No player online.")
    }
```

```go
        return err
    }

func (server *CenterServer)Handle(method, params string) *ipc.Response {
    switch method {
        case "addplayer":
            err := server.addPlayer(params)
            if err != nil {
                return &ipc.Response{Code:err.Error()}
            }
        case "removeplayer":
            err := server.removePlayer(params)
            if err != nil {
                return &ipc.Response{Code:err.Error()}
            }
        case "listplayer":
            players, err := server.listPlayer(params)
            if err != nil {
                return &ipc.Response{Code:err.Error()}
            }
            return &ipc.Response{"200", players}
        case "broadcast":
            err := server.broadcast(params)
            if err != nil {
                return &ipc.Response{Code:err.Error()}
            }
            return &ipc.Response{Code:"200"}
        default:
            return &ipc.Response{Code:"404", Body:method + ":" + params}
    }
    return &ipc.Response{Code:"200"}
}

func (server *CenterServer)Name() string {
    return "CenterServer"
}
```

我们为中央服务器实现了几个示范用的指令：添加用户、删除用户、列出用户和广播。为了便于调用这个服务器的功能，我们还写了一个centerclient.go，如代码清单4-10所示。

代码清单4-10　centerclient.go

```go
package cg

import (
    "errors"
    "encoding/json"

    "ipc"
)

type CenterClient struct {
    *ipc.IpcClient
}
```

```go
func (client *CenterClient) AddPlayer(player *Player) error {
    b, err := json.Marshal(*player)
    if err != nil {
        return err
    }

    resp, err := client.Call("addplayer", string(b))
    if err == nil && resp.Code == "200" {
        return nil
    }
    return err
}

func (client *CenterClient) RemovePlayer(name string) error {
    ret, _ := client.Call("removeplayer", name)
    if ret.Code == "200" {
        return nil
    }
    return errors.New(ret.Code)
}

func (client *CenterClient) ListPlayer(params string) (ps []*Player, err error) {
    resp, _ := client.Call("listplayer", params)
    if resp.Code != "200" {
        err = errors.New(resp.Code)
        return
    }

    err = json.Unmarshal([]byte(resp.Body), &ps)
    return
}

func (client *CenterClient) Broadcast(message string) error {

    m := &Message{Content:message} // 构造Message结构体

    b, err := json.Marshal(m)
    if err != nil {
        return err
    }

    resp, _ := client.Call("broadcast", string(b))
    if resp.Code == "200" {
        return nil
    }
    return errors.New(resp.Code)
}
```

　　CenterClient匿名组合了IpcClient，这样就可以直接在代码中调用IpcClient的功能了。

4.9.3 主程序

最后我们来实现主程序。主程序具备模拟用户游戏过程和管理员功能（发通告），如代码清单4-11所示。

代码清单4-11 cgss.go

```go
package main

import (
    "bufio"
    "fmt"
    "os"
    "strconv"
    "strings"

    "cg"
    "ipc"
)

var centerClient *cg.CenterClient

func startCenterService() error {

    server := ipc.NewIpcServer(&cg.CenterServer{})
    client := ipc.NewIpcClient(server)
    centerClient = &cg.CenterClient{client}

    return nil
}

func Help(args []string) int {
    fmt.Println(`
        Commands:
            login <username><level><exp>
            logout <username>
            send <message>
            listplayer
            quit(q)
            help(h)
        `)
    return 0
}

func Quit(args []string) int {
    return 1
}

func Logout(args []string) int {
    if len(args) != 2 {
```

```go
        fmt.Println("USAGE: logout <username>")
        return 0
    }

    centerClient.RemovePlayer(args[1])

    return 0
}

func Login(args []string) int {
    if len(args) != 4 {
        fmt.Println("USAGE: login <username><level><exp>")
        return 0
    }

    level, err := strconv.Atoi(args[2])
    if err != nil {
        fmt.Println("Invalid Parameter: <level> should be an integer.")
        return 0
    }

    exp, err := strconv.Atoi(args[3])
    if err != nil {
        fmt.Println("Invalid Parameter: <exp> should be an integer.")
        return 0
    }

    player := cg.NewPlayer()
    player.Name = args[1]
    player.Level = level
    player.Exp = exp

    err = centerClient.AddPlayer(player)
    if err != nil {
        fmt.Println("Failed adding player", err)
    }

    return 0
}

func ListPlayer(args []string) int {

    ps, err := centerClient.ListPlayer("")
    if err != nil {
        fmt.Println("Failed. ", err)
    } else {
        for i, v := range ps {
            fmt.Println(i + 1, ":", v)
        }
    }
```

```go
        return 0
}

func Send(args []string) int {

    message := strings.Join(args[1:], " ")

    err := centerClient.Broadcast(message)
    if err != nil {
        fmt.Println("Failed.", err)
    }

    return 0
}

// 将命令和处理函数对应
func GetCommandHandlers() map[string]func(args []string) int {
    return map[string]func([]string) int {
        "help" : Help,
        "h" : Help,
        "quit" : Quit,
        "q" : Quit,
        "login" : Login,
        "logout" : Logout,
        "listplayer" : ListPlayer,
        "send" : Send,
    }
}

func main() {
    fmt.Println("Casual Game Server Solution")

    startCenterService()

    Help(nil)

    r := bufio.NewReader(os.Stdin)

    handlers := GetCommandHandlers()

    for { // 循环读取用户输入
        fmt.Print("Command> ")
        b, _, _ := r.ReadLine()
        line := string(b)

        tokens := strings.Split(line, " ")

        if handler, ok := handlers[tokens[0]]; ok {
            ret := handler(tokens)
            if ret != 0 {
                break
```

```
            }
        } else {
            fmt.Println("Unknown command:", tokens[0])
        }
    }
}
```

4.9.4 运行程序

整个流程已经串联完毕，现在可以运行我们的这个半成品游戏服务器程序了：

```
$ go run cgss.go
Casual Game Server Solution
A new session has been created successfully.

Commands:
    login <username><level><exp>
    logout <username>
    send <message>
    listplayer
    quit(q)
    help(h)

Command> login Tom 1 101
Command> login Jerry 2 321
Command> listplayer
1 : &{Tom 1 101 0 <nil>}
2 : &{Jerry 2 321 0 <nil>}
Command> send Hello everybody.
Tom received message: Hello everybody.
Jerry received message: Hello everybody.
Command> logout Tom
Command> listplayer
1 : &{Jerry 2 321 0 <nil>}
Command> send Hello the people online.
Jerry received message: Hello the people online.
Command> logout Jerry
Command> listplayer
Failed.  No player online.
Command> q
$
```

到这里我们这个演示就结束了。在第5章中，我们还会讲解Go语言网络编程的相关内容，包括本示例中已经用到但没有详细解释的JSON相关功能。到时候再结合我们所学习的知识，你可能会发现用Go语言来做游戏服务器开发是一个相当合适的选择。

4.10 小结

本章介绍了如何使用Go语言开发并发程序。这一章中最为关键的知识就是go关键字，以及在实现goroutine的过程中不可或缺的channel功能。合理使用goroutine以及channel，可以避免陷入之前用其他语言开发时经常遭遇的线程死锁等问题，可以更加快速地写出高效、实用的高并发程序，大幅度提高服务器程序的质量。

读完本章后，读者可以尝试着利用本章学到的所有关于并发编程的知识来改进上一章中的音乐播放器示例，使之具备现实中播放器程序所具备的多任务特性。

4

第5章

网 络 编 程

本章我们将全面介绍如何使用Go语言开发网络程序。Go语言标准库里提供的net包，支持基于IP层、TCP/UDP层及更高层面（如HTTP、FTP、SMTP）的网络操作，其中用于IP层的称为Raw Socket。

5.1 Socket 编程

在Go语言中编写网络程序时，我们将看不到传统的编码形式。以前我们使用Socket编程时，会按照如下步骤展开。

(1) 建立Socket：使用 `socket()` 函数。

(2) 绑定Socket：使用 `bind()` 函数。

(3) 监听：使用 `listen()` 函数。或者连接：使用 `connect()` 函数。

(4) 接受连接：使用 `accept()` 函数。

(5) 接收：使用 `receive()` 函数。或者发送：使用 `send()` 函数。

Go语言标准库对此过程进行了抽象和封装。无论我们期望使用什么协议建立什么形式的连接，都只需要调用 `net.Dial()` 即可。

5.1.1 `Dial()` 函数

`Dial()` 函数的原型如下：

```
func Dial(net, addr string) (Conn, error)
```

其中net参数是网络协议的名字，addr参数是IP地址或域名，而端口号以 ":" 的形式跟随在地址或域名的后面，端口号可选。如果连接成功，返回连接对象，否则返回error。

我们来看一下几种常见协议的调用方式。

TCP链接：

```
conn, err := net.Dial("tcp", "192.168.0.10:2100")
```

UDP链接：

```
conn, err := net.Dial("udp", "192.168.0.12:975")
```

ICMP链接（使用协议名称）：

```
conn, err := net.Dial("ip4:icmp", "www.baidu.com")
```

ICMP链接（使用协议编号）：

```
conn, err := net.Dial("ip4:1", "10.0.0.3")
```

这里我们可以通过以下链接查看协议编号的含义：http://www.iana.org/assignments/protocol-numbers/protocol-numbers.xml。

目前，`Dial()`函数支持如下几种网络协议：`"tcp"`、`"tcp4"`（仅限IPv4）、`"tcp6"`（仅限IPv6）、`"udp"`、`"udp4"`（仅限IPv4）、`"udp6"`（仅限IPv6）、`"ip"`、`"ip4"`（仅限IPv4）和`"ip6"`（仅限IPv6）。

在成功建立连接后，我们就可以进行数据的发送和接收。发送数据时，使用conn的`Write()`成员方法，接收数据时使用`Read()`方法。

5.1.2 ICMP 示例程序

下面我们实现这样一个例子：我们使用ICMP协议向在线的主机发送一个问候，并等待主机返回，具体代码如代码清单5-1所示。

代码清单5-1　icmptest.go

```go
package main

import (
    "net"
    "os"
    "io"
    "bytes"
    "fmt"
)

func main() {
    if len(os.Args) != 2 {
        fmt.Println("Usage: ", os.Args[0], "host")
        os.Exit(1)
    }
    service := os.Args[1]

    conn, err := net.Dial("ip4:icmp", service)
    checkError(err)

    var msg [512]byte
    msg[0] = 8  // echo
    msg[1] = 0  // code 0
    msg[2] = 0  // checksum
    msg[3] = 0  // checksum
    msg[4] = 0  // identifier[0]
    msg[5] = 13 //identifier[1]
    msg[6] = 0  // sequence[0]
    msg[7] = 37 // sequence[1]
    len := 8
```

```go
    check := checkSum(msg[0:len])
    msg[2] = byte(check >> 8)
    msg[3] = byte(check & 255)

    _, err = conn.Write(msg[0:len])
    checkError(err)

    _, err = conn.Read(msg[0:])
    checkError(err)

    fmt.Println("Got response")
    if msg[5] == 13 {
        fmt.Println("Identifier matches")
    }
    if msg[7] == 37 {
        fmt.Println("Sequence matches")
    }

    os.Exit(0)
}

func checkSum(msg []byte) uint16 {
    sum := 0
    n := 0
    for n+1 < len(msg) {
        sum += (int(msg[n]) << 8) | int(msg[n+1])
        n++
    }
    if n < len(msg) {
        sum += (int(msg[n]) << 8)
    }
    sum = (sum >> 16) + (sum & 0xffff)
    sum += (sum >> 16)
    return uint16(^sum)

}

func checkError(err error) {
    if err != nil {
        fmt.Fprintf(os.Stderr, "Fatal error: %s", err.Error())
        os.Exit(1)
    }
}

func readFully(conn net.Conn) ([]byte, error) {
    defer conn.Close()

    result := bytes.NewBuffer(nil)
    var buf [512]byte
    for {
        n, err := conn.Read(buf[0:])
        result.Write(buf[0:n])
        if err != nil {
            if err == io.EOF {
                break
            }
```

```
            return nil, err
        }
    }
    return result.Bytes(), nil
}
```

执行结果如下：

```
$ go build icmptest.go
$ ./icmptest www.baidu.com
Got response
Identifier matches
Sequence matches
```

5.1.3　TCP 示例程序

　　下面我们建立TCP链接来实现初步的HTTP协议，通过向网络主机发送HTTP Head请求，读取网络主机返回的信息，具体代码如代码清单5-2所示。

代码清单5-2　simplehttp.go

```go
package main

import (
    "net"
    "os"
    "io"
    "bytes"
    "fmt"
)

func main() {
    if len(os.Args) != 2 {
        fmt.Fprintf(os.Stderr, "Usage: %s host:port", os.Args[0])
        os.Exit(1)
    }
    service := os.Args[1]

    conn, err := net.Dial("tcp", service)
    checkError(err)

    _, err = conn.Write([]byte("HEAD / HTTP/1.0\r\n\r\n"))
    checkError(err)

    result, err := readFully(conn)
    checkError(err)

    fmt.Println(string(result))

    os.Exit(0)
}

func checkError(err error) {
    if err != nil {
        fmt.Fprintf(os.Stderr, "Fatal error: %s", err.Error())
```

```
            os.Exit(1)
        }
}

func readFully(conn net.Conn) ([]byte, error) {
    defer conn.Close()

    result := bytes.NewBuffer(nil)
    var buf [512]byte
    for {
        n, err := conn.Read(buf[0:])
        result.Write(buf[0:n])
        if err != nil {
            if err == io.EOF {
                break
            }
            return nil, err
        }
    }
    return result.Bytes(), nil
}
```

执行这段程序并查看执行结果：

```
$ go build simplehttp.go
$ ./simplehttp qbox.me:80

HTTP/1.1 301 Moved Permanently
Server: nginx/1.0.14
Date: Mon, 21 May 2012 03:15:08 GMT
Content-Type: text/html
Content-Length: 184
Connection: close
Location: https://qbox.me/
```

5.1.4　更丰富的网络通信

实际上，Dial()函数是对DialTCP()、DialUDP()、DialIP()和DialUnix()的封装。我们也可以直接调用这些函数，它们的功能是一致的。这些函数的原型如下：

```
func DialTCP(net string, laddr, raddr *TCPAddr) (c *TCPConn, err error)
func DialUDP(net string, laddr, raddr *UDPAddr) (c *UDPConn, err error)
func DialIP(netProto string, laddr, raddr *IPAddr) (*IPConn, error)
func DialUnix(net string, laddr, raddr *UnixAddr) (c *UnixConn, err error)
```

之前基于TCP发送HTTP请求，读取服务器返回的HTTP Head的整个流程也可以使用代码清单5-3所示的实现方式。

代码清单5-3　simplehttp2.go

```
package main

import (
    "net"
```

```go
    "os"
    "fmt"
    "io/ioutil"
)

func main() {
    if len(os.Args) != 2 {
        fmt.Fprintf(os.Stderr, "Usage: %s host:port", os.Args[0])
        os.Exit(1)
    }
    service := os.Args[1]

    tcpAddr, err := net.ResolveTCPAddr("tcp4", service)
    checkError(err)

    conn, err := net.DialTCP("tcp", nil, tcpAddr)
    checkError(err)

    _, err = conn.Write([]byte("HEAD / HTTP/1.0\r\n\r\n"))
    checkError(err)

    result, err := ioutil.ReadAll(conn)
    checkError(err)

    fmt.Println(string(result))

    os.Exit(0)
}

func checkError(err error) {
    if err != nil {
        fmt.Fprintf(os.Stderr, "Fatal error: %s", err.Error())
        os.Exit(1)
    }
}
```

与之前使用Dail()的例子相比，这里有两个不同：

❏ net.ResolveTCPAddr()，用于解析地址和端口号；

❏ net.DialTCP()，用于建立链接。

这两个函数在Dial()中都得到了封装。

此外，net包中还包含了一系列的工具函数，合理地使用这些函数可以更好地保障程序的质量。

验证IP地址有效性的代码如下：

```go
func net.ParseIP()
```

创建子网掩码的代码如下：

```go
func IPv4Mask(a, b, c, d byte) IPMask
```

获取默认子网掩码的代码如下：

```
func (ip IP) DefaultMask() IPMask
```

根据域名查找IP的代码如下：

```
func ResolveIPAddr(net, addr string) (*IPAddr, error)
func LookupHost(name string) (cname string, addrs []string, err error);
```

5.2   HTTP 编程

HTTP（HyperText Transfer Protocol，超文本传输协议）是互联网上应用最为广泛的一种网络协议，定义了客户端和服务端之间请求与响应的传输标准。

Go语言标准库内建提供了net/http包，涵盖了HTTP客户端和服务端的具体实现。使用net/http包，我们可以很方便地编写HTTP客户端或服务端的程序。

阅读本节内容，读者需要具备如下知识点：

❑ 了解 HTTP 基础知识
❑ 了解 Go 语言中接口的用法

5.2.1   HTTP 客户端

Go内置的net/http包提供了最简洁的HTTP客户端实现，我们无需借助第三方网络通信库（比如libcurl）就可以直接使用HTTP中用得最多的GET和POST方式请求数据。

1. 基本方法

net/http包的Client类型提供了如下几个方法，让我们可以用最简洁的方式实现 HTTP 请求：

```
func (c *Client) Get(url string) (r *Response, err error)
func (c *Client) Post(url string, bodyType string, body io.Reader) (r *Response, err
    error)
func (c *Client) PostForm(url string, data url.Values) (r *Response, err error)
func (c *Client) Head(url string) (r *Response, err error)
func (c *Client) Do(req *Request) (resp *Response, err error)
```

下面概要介绍这几个方法。

```
http.Get()
```

要请求一个资源，只需调用http.Get()方法（等价于http.DefaultClient.Get()）即可，示例代码如下：

```
resp, err := http.Get("http://example.com/")
if err != nil {
    // 处理错误 ...
    return
}

defer resp.Body.Close()
io.Copy(os.Stdout, resp.Body)
```

上面这段代码请求一个网站首页，并将其网页内容打印到标准输出流中。

`http.Post()`

要以POST的方式发送数据，也很简单，只需调用`http.Post()`方法并依次传递下面的3个参数即可：

- ❑ 请求的目标 URL
- ❑ 将要 POST 数据的资源类型（`MIMEType`）
- ❑ 数据的比特流（`[]byte`形式）

下面的示例代码演示了如何上传一张图片：

```
resp, err := http.Post("http://example.com/upload", "image/jpeg", &imageDataBuf)
if err != nil {
    // 处理错误
    return
}

if resp.StatusCode != http.StatusOK {
    // 处理错误
    return
}
// ...
```

`http.PostForm()`

`http.PostForm()`方法实现了标准编码格式为`application/x-www-form-urlencoded`的表单提交。下面的示例代码模拟HTML表单提交一篇新文章：

```
resp, err := http.PostForm("http://example.com/posts",      url.Values{"title":
    {"article title"}, "content": {"article body"}})
if err != nil {
    // 处理错误
    return
}
// ...
```

`http.Head()`

HTTP 中的 Head 请求方式表明只请求目标 URL 的头部信息，即 HTTP Header 而不返回 HTTP Body。Go 内置的 `net/http` 包同样也提供了 `http.Head()` 方法，该方法同 `http.Get()` 方法一样，只需传入目标 URL 一个参数即可。下面的示例代码请求一个网站首页的 HTTP Header信息：

```
resp, err := http.Head("http://example.com/")
```

`(*http.Client).Do()`

在多数情况下，`http.Get()`和`http.PostForm()` 就可以满足需求，但是如果我们发起的 HTTP 请求需要更多的定制信息，我们希望设定一些自定义的 Http Header 字段，比如：

- ❑ 设定自定义的`"User-Agent"`，而不是默认的 `"Go http package"`
- ❑ 传递 Cookie

此时可以使用`net/http`包`http.Client`对象的`Do()`方法来实现：

```
req, err := http.NewRequest("GET", "http://example.com", nil)
// ...
req.Header.Add("User-Agent", "Gobook Custom User-Agent")
// ...
client := &http.Client{ //... }
resp, err := client.Do(req)
// ...
```

2. 高级封装

除了之前介绍的基本HTTP操作，Go语言标准库也暴露了比较底层的HTTP相关库，让开发者可以基于这些库灵活定制HTTP服务器和使用HTTP服务。

自定义`http.Client`

前面我们使用的`http.Get()`、`http.Post()`、`http.PostForm()`和`http.Head()`方法其实都是在`http.DefaultClient`的基础上进行调用的，比如`http.Get()`等价于`http.Default-Client.Get()`，依次类推。

`http.DefaultClient` 在字面上就向我们传达了一个信息，既然存在默认的 Client，那么 HTTP Client 大概是可以自定义的。实际上确实如此，在`net/http`包中，的确提供了`Client`类型。让我们来看一看`http.Client`类型的结构：

```
type Client struct {
    // Transport用于确定HTTP请求的创建机制。
    // 如果为空，将会使用DefaultTransport
    Transport RoundTripper
    // CheckRedirect定义重定向策略。
    // 如果CheckRedirect不为空，客户端将在跟踪HTTP重定向前调用该函数。
    // 两个参数req和via分别为即将发起的请求和已经发起的所有请求，最早的
    // 已发起请求在最前面。
    // 如果CheckRedirect返回错误，客户端将直接返回错误，不会再发送该请求。
    // 如果CheckRedirect为空，Client将采用一种默认策略，将在10个连续
    // 请求后终止
    CheckRedirect func(req *Request, via []*Request) error
    // 如果Jar为空，Cookie将不会在请求中发送，并会
    // 在响应中被忽略
    Jar CookieJar
}
```

在Go语言标准库中，`http.Client`类型包含了3个公开数据成员：

```
Transport RoundTripper
CheckRedirect func(req *Request, via []*Request) error
Jar CookieJar
```

其中`Transport`类型必须实现`http.RoundTripper`接口。`Transport`指定了执行一个HTTP请求的运行机制，倘若不指定具体的`Transport`，默认会使用`http.DefaultTransport`，这意味着`http.Transport`也是可以自定义的。`net/http`包中的`http.Transport`类型实现了`http.RoundTripper`接口。

`CheckRedirect`函数指定处理重定向的策略。当使用 HTTP Client 的`Get()`或者是`Head()`方法发送 HTTP 请求时，若响应返回的状态码为30x（比如301/302/303/307），HTTP Client 会

在遵循跳转规则之前先调用这个`CheckRedirect`函数。

　　Jar可用于在 HTTP Client 中设定 Cookie，Jar的类型必须实现了 `http.CookieJar` 接口，该接口预定义了 `SetCookies()`和`Cookies()`两个方法。如果 HTTP Client 中没有设定 Jar，Cookie将被忽略而不会发送到客户端。实际上，我们一般都用 `http.SetCookie()` 方法来设定 Cookie。

　　使用自定义的`http.Client`及其`Do()`方法，我们可以非常灵活地控制 HTTP 请求，比如发送自定义 HTTP Header 或是改写重定向策略等。创建自定义的 HTTP Client 非常简单，具体代码如下：

```
client := &http.Client {
    CheckRedirect: redirectPolicyFunc,
}
resp, err := client.Get("http://example.com")
// ...
req, err := http.NewRequest("GET", "http://example.com", nil)
// ...
req.Header.Add("User-Agent", "Our Custom User-Agent")
req.Header.Add("If-None-Match", `W/"TheFileEtag"`)
resp, err := client.Do(req)
// ...
```

自定义 http.Transport

　　在`http.Client` 类型的结构定义中，我们看到的第一个数据成员就是一个 `http.Transport` 对象，该对象指定执行一个 HTTP 请求时的运行规则。下面我们来看看 `http.Transport` 类型的具体结构：

```
type Transport struct {
    // Proxy指定用于针对特定请求返回代理的函数。
    // 如果该函数返回一个非空的错误，请求将终止并返回该错误。
    // 如果Proxy为空或者返回一个空的URL指针，将不使用代理
    Proxy func(*Request) (*url.URL, error)
    // Dial指定用于创建TCP连接的dail()函数。
    // 如果Dial为空，将默认使用net.Dial()函数
    Dial func(net, addr string) (c net.Conn, err error)
    // TLSClientConfig指定用于tls.Client的TLS配置。
    // 如果为空使用默认配置
    TLSClientConfig *tls.Config
    DisableKeepAlives   bool
    DisableCompression  bool
    // 如果MaxIdleConnsPerHost为非零值，它用于控制每个host所需要
    // 保持的最大空闲连接数。如果该值为空，则使用DefaultMaxIdleConnsPerHost
    MaxIdleConnsPerHost int
    // ...
}
```

　　在上面的代码中，我们定义了 `http.Transport` 类型中的公开数据成员，下面详细说明其中的各行代码。

```
Proxy func(*Request) (*url.URL, error)
```

Proxy 指定了一个代理方法，该方法接受一个 *Request 类型的请求实例作为参数并返回一个最终的 HTTP 代理。如果 Proxy 未指定或者返回的 *URL 为零值，将不会有代理被启用。

Dial **func**(net, addr *string*) (c net.Conn, err error)

Dial 指定具体的 dial() 方法来创建 TCP 连接。如果不指定，默认将使用 net.Dial() 方法。

TLSClientConfig *tls.Config

SSL 连接专用，TLSClientConfig 指定 tls.Client 所用的 TLS 配置信息，如果不指定，也会使用默认的配置。

DisableKeepAlives *bool*

是否取消长连接，默认值为 false，即启用长连接。

DisableCompression *bool*

是否取消压缩（GZip），默认值为 false，即启用压缩。

MaxIdleConnsPerHost *int*

指定与每个请求的目标主机之间的最大非活跃连接（keep-alive）数量。如果不指定，默认使用 DefaultMaxIdleConnsPerHost 的常量值。

除了 http.Transport 类型中定义的公开数据成员以外，它同时还提供了几个公开的成员方法。

- □ func(t *Transport) CloseIdleConnections()。该方法用于关闭所有非活跃的连接。
- □ func(t *Transport) RegisterProtocol(scheme *string*, rt RoundTripper)。该方法可用于注册并启用一个新的传输协议，比如 WebSocket 的传输协议标准（ws），或者 FTP、File 协议等。
- □ func(t *Transport) RoundTrip(req *Request) (resp *Response, err error)。用于实现 http.RoundTripper 接口。

自定义 http.Transport 也很简单，如下列代码所示：

```
tr := &http.Transport{
    TLSClientConfig:    &tls.Config{RootCAs: pool},
    DisableCompression: true,
}
client := &http.Client{Transport: tr}
resp, err := client.Get("https://example.com")
```

Client 和 Transport 在执行多个 goroutine 的并发过程中都是安全的，但出于性能考虑，应当创建一次后反复使用。

灵活的 http.RoundTripper 接口

在前面的两小节中，我们知道 HTTP Client 是可以自定义的，而 http.Client 定义的第一个公开成员就是一个 http.Transport 类型的实例，且该成员所对应的类型必须实现 http.RoundTripper 接口。下面我们来看看 http.RoundTripper 接口的具体定义：

```
type RoundTripper interface {
    // RoundTrip执行一个单一的HTTP事务，返回相应的响应信息。
    // RoundTrip函数的实现不应试图去理解响应的内容。如果RoundTrip得到一个响应，
    // 无论该响应的HTTP状态码如何，都应将返回的err设置为nil。非空的err
    // 只意味着没有成功获取到响应。
    // 类似地，RoundTrip也不应试图处理更高级别的协议，比如重定向、认证和
    // Cookie等。
    //
    // RoundTrip不应修改请求内容，除非了是为了理解Body内容。每一个请求
    // 的URL和Header域都应被正确初始化
    RoundTrip(*Request) (*Response, error)
}
```

从上述代码中可以看到，http.RoundTripper接口很简单，只定义了一个名为RoundTrip的方法。任何实现了RoundTrip()方法的类型即可实现http.RoundTripper接口。前面我们看到的http.Transport类型正是实现了RoundTrip()方法继而实现了该接口。

http.RoundTripper接口定义的RoundTrip()方法用于执行一个独立的HTTP事务，接受传入的*Request请求值作为参数并返回对应的*Response响应值，以及一个error值。在实现具体的RoundTrip()方法时，不应该试图在该函数里边解析HTTP响应信息。若响应成功，error的值必须为nil，而与返回的HTTP状态码无关。若不能成功得到服务端的响应，error必须为非零值。类似地，也不应该试图在RoundTrip()中处理协议层面的相关细节，比如重定向、认证或是cookie等。

非必要情况下，不应该在RoundTrip()中改写传入的请求体（*Request），请求体的内容（比如URL和Header等）必须在传入RoundTrip()之前就已组织好并完成初始化。

通常，我们可以在默认的http.Transport之上包一层Transport并实现RoundTrip()方法，如代码清单5-4所示。

代码清单5-4 customtrans.go

```
package main

import(
    "net/http"
)

type OurCustomTransport struct {
    Transport http.RoundTripper
}

func (t *OurCustomTransport) transport() http.RoundTripper {
    if t.Transport != nil {
        return t.Transport
    }
    return http.DefaultTransport
}

func (t *OurCustomTransport) RoundTrip(req *http.Request) (*http.Response, error) {
    // 处理一些事情 ...
    // 发起HTTP请求
```

```
    // 添加一些域到req.Header中
    return t.transport().RoundTrip(req)
}

func (t *OurCustomTransport) Client() *http.Client {
    return &http.Client{Transport: t}
}

func main() {
    t := &OurCustomTransport{
    //...
    }

    c := t.Client()
    resp, err := c.Get("http://example.com")
    // ...
}
```

因为实现了 http.RoundTripper 接口的代码通常需要在多个 goroutine 中并发执行，因此我们必须确保实现代码的线程安全性。

设计优雅的 HTTP Client

综上示例讲解可以看到，Go语言标准库提供的 HTTP Client 是相当优雅的。一方面提供了极其简单的使用方式，另一方面又具备极大的灵活性。

Go语言标准库提供的 HTTP Client 被设计成上下两层结构。一层是上述提到的 http.Client 类及其封装的基础方法，我们不妨将其称为"业务层"。之所以称为业务层，是因为调用方通常只需要关心请求的业务逻辑本身，而无需关心非业务相关的技术细节，这些细节包括：

❑ HTTP 底层传输细节
❑ HTTP 代理
❑ gzip 压缩
❑ 连接池及其管理
❑ 认证（SSL或其他认证方式）

之所以 HTTP Client 可以做到这么好的封装性，是因为 HTTP Client 在底层抽象了 http.RoundTripper 接口，而 http.Transport 实现了该接口，从而能够处理更多的细节，我们不妨将其称为"传输层"。HTTP Client 在业务层初始化 HTTP Method、目标URL、请求参数、请求内容等重要信息后，经过"传输层"，"传输层"在业务层处理的基础上补充其他细节，然后再发起 HTTP 请求，接收服务端返回的 HTTP 响应。

5.2.2   HTTP 服务端

本节我们将介绍HTTP服务端技术，包括如何处理HTTP请求和HTTPS请求。

1. 处理HTTP请求

使用 net/http 包提供的 http.ListenAndServe() 方法，可以在指定的地址进行监听，开启一个HTTP，服务端该方法的原型如下：

```
func ListenAndServe(addr string, handler Handler) error
```

该方法用于在指定的 TCP 网络地址 addr 进行监听，然后调用服务端处理程序来处理传入的连接请求。该方法有两个参数：第一个参数 addr 即监听地址；第二个参数表示服务端处理程序，通常为空，这意味着服务端调用 http.DefaultServeMux 进行处理，而服务端编写的业务逻辑处理程序 http.Handle() 或 http.HandleFunc() 默认注入 http.DefaultServeMux 中，具体代码如下：

```
http.Handle("/foo", fooHandler)
http.HandleFunc("/bar", func(w http.ResponseWriter, r *http.Request) {
    fmt.Fprintf(w, "Hello, %q", html.EscapeString(r.URL.Path))
})
log.Fatal(http.ListenAndServe(":8080", nil))
```

如果想更多地控制服务端的行为，可以自定义 http.Server，代码如下：

```
s := &http.Server{
    Addr:           ":8080",
    Handler:        myHandler,
    ReadTimeout:    10 * time.Second,
    WriteTimeout:   10 * time.Second,
    MaxHeaderBytes: 1 << 20,
}
log.Fatal(s.ListenAndServe())
```

2. 处理HTTPS请求

net/http 包还提供 http.ListenAndServeTLS() 方法，用于处理 HTTPS 连接请求：

```
func ListenAndServeTLS(addr string, certFile string, keyFile string, handler Handler)
    error
```

ListenAndServeTLS() 和 ListenAndServe() 的行为一致，区别在于只处理HTTPS请求。此外，服务器上必须存在包含证书和与之匹配的私钥的相关文件，比如certFile对应SSL证书文件存放路径，keyFile对应证书私钥文件路径。如果证书是由证书颁发机构签署的，certFile参数指定的路径必须是存放在服务器上的经由CA认证过的SSL证书。

开启 SSL 监听服务也很简单，如下列代码所示：

```
http.Handle("/foo", fooHandler)
http.HandleFunc("/bar", func(w http.ResponseWriter, r *http.Request) {
    fmt.Fprintf(w, "Hello, %q", html.EscapeString(r.URL.Path))
})
log.Fatal(http.ListenAndServeTLS(":10443", "cert.pem", "key.pem", nil))
```

或者是：

```
ss := &http.Server{
    Addr:           ":10443",
    Handler:        myHandler,
    ReadTimeout:    10 * time.Second,
    WriteTimeout:   10 * time.Second,
    MaxHeaderBytes: 1 << 20,
}
log.Fatal(ss.ListenAndServeTLS("cert.pem", "key.pem"))
```

5.3 RPC 编程

RPC（Remote Procedure Call，远程过程调用）是一种通过网络从远程计算机程序上请求服务，而不需要了解底层网络细节的应用程序通信协议。RPC协议构建于TCP或UDP，或者是HTTP之上，允许开发者直接调用另一台计算机上的程序，而开发者无需额外地为这个调用过程编写网络通信相关代码，使得开发包括网络分布式程序在内的应用程序更加容易。

RPC 采用客户端—服务器（Client/Server）的工作模式。请求程序就是一个客户端（Client），而服务提供程序就是一个服务器（Server）。当执行一个远程过程调用时，客户端程序首先发送一个带有参数的调用信息到服务端，然后等待服务端响应。在服务端，服务进程保持睡眠状态直到客户端的调用信息到达为止。当一个调用信息到达时，服务端获得进程参数，计算出结果，并向客户端发送应答信息，然后等待下一个调用。最后，客户端接收来自服务端的应答信息，获得进程结果，然后调用执行并继续进行。

5.3.1 Go 语言中的 RPC 支持与处理

在Go中，标准库提供的`net/rpc`包实现了 RPC 协议需要的相关细节，开发者可以很方便地使用该包编写 RPC 的服务端和客户端程序，这使得用 Go 语言开发的多个进程之间的通信变得非常简单。

`net/rpc`包允许 RPC 客户端程序通过网络或是其他 I/O 连接调用一个远端对象的公开方法（必须是大写字母开头、可外部调用的）。在 RPC 服务端，可将一个对象注册为可访问的服务，之后该对象的公开方法就能够以远程的方式提供访问。一个 RPC 服务端可以注册多个不同类型的对象，但不允许注册同一类型的多个对象。

一个对象中只有满足如下这些条件的方法，才能被 RPC 服务端设置为可供远程访问：

- ❑ 必须是在对象外部可公开调用的方法（首字母大写）；
- ❑ 必须有两个参数，且参数的类型都必须是包外部可以访问的类型或者是Go内建支持的类型；
- ❑ 第二个参数必须是一个指针；
- ❑ 方法必须返回一个`error`类型的值。

以上4个条件，可以简单地用如下一行代码表示：

```
func (t *T) MethodName(argType T1, replyType *T2) error
```

在上面这行代码中，类型`T`、`T1` 和 `T2` 默认会使用 Go 内置的 `encoding/gob` 包进行编码解码。关于`encoding/gob`包的内容，稍后我们将会对其进行介绍。

该方法（`MethodName`）的第一个参数表示由 RPC 客户端传入的参数，第二个参数表示要返回给RPC客户端的结果，该方法最后返回一个 `error` 类型的值。

RPC 服务端可以通过调用 `rpc.ServeConn` 处理单个连接请求。多数情况下，通过 TCP 或是 HTTP 在某个网络地址上进行监听来创建该服务是个不错的选择。

在 RPC 客户端，Go 的 net/rpc 包提供了便利的 rpc.Dial() 和 rpc.DialHTTP() 方法来与指定的 RPC 服务端建立连接。在建立连接之后，Go 的 net/rpc 包允许我们使用同步或者异步的方式接收 RPC 服务端的处理结果。调用 RPC 客户端的 Call() 方法则进行同步处理，这时候客户端程序按顺序执行，只有接收完 RPC 服务端的处理结果之后才可以继续执行后面的程序。当调用 RPC 客户端的 Go() 方法时，则可以进行异步处理，RPC 客户端程序无需等待服务端的结果即可执行后面的程序，而当接收到 RPC 服务端的处理结果时，再对其进行相应的处理。无论是调用 RPC 客户端的 Call() 或者是 Go() 方法，都必须指定要调用的服务及其方法名称，以及一个客户端传入参数的引用，还有一个用于接收处理结果参数的指针。

如果没有明确指定 RPC 传输过程中使用何种编码解码器，默认将使用 Go 标准库提供的 encoding/gob 包进行数据传输。

接下来，我们来看一组 RPC 服务端和客户端交互的示例程序。代码清单 5-5 是 RPC 服务端程序。

代码清单 5-5　rpcserver.go

```go
package server

type Args struct {
    A, B int
}

type Quotient struct {
    Quo, Rem int
}

type Arith int

func (t *Arith) Multiply(args *Args, reply *int) error {
    *reply = args.A * args.B
    return nil
}

func (t *Arith) Divide(args *Args, quo *Quotient) error {
    if args.B == 0 {
        return errors.New("divide by zero")
    }
    quo.Quo = args.A / args.B
    quo.Rem = args.A % args.B
    return nil
}
```

注册服务对象并开启该 RPC 服务的代码如下：

```go
arith := new(Arith)
rpc.Register(arith)
rpc.HandleHTTP()
l, e := net.Listen("tcp", ":1234")
if e != nil {
    log.Fatal("listen error:", e)
}
go http.Serve(l, nil)
```

此时，RPC 服务端注册了一个`Arith`类型的对象及其公开方法`Arith.Multiply()`和`Arith.Divide()`供 RPC 客户端调用。RPC 在调用服务端提供的方法之前，必须先与 RPC 服务端建立连接，如下列代码所示：

```
client, err := rpc.DialHTTP("tcp", serverAddress + ":1234")
if err != nil {
    log.Fatal("dialing:", err)
}
```

在建立连接之后，RPC 客户端可以调用服务端提供的方法。首先，我们来看同步调用程序顺序执行的方式：

```
args := &server.Args{7,8}
var reply int
err = client.Call("Arith.Multiply", args, &reply)
if err != nil {
    log.Fatal("arith error:", err)
}
fmt.Printf("Arith: %d*%d=%d", args.A, args.B, reply)
```

此外，还可以以异步方式进行调用，具体代码如下：

```
quotient := new(Quotient)
divCall := client.Go("Arith.Divide", args, &quotient, nil)
replyCall := <-divCall.Done
```

5.3.2   Gob 简介

Gob 是 Go 的一个序列化数据结构的编码解码工具，在 Go 标准库中内置`encoding/gob`包以供使用。一个数据结构使用 Gob 进行序列化之后，能够用于网络传输。与 JSON 或 XML 这种基于文本描述的数据交换语言不同，Gob 是二进制编码的数据流，并且 Gob 流是可以自解释的，它在保证高效率的同时，也具备完整的表达能力。

作为针对 Go 的数据结构进行编码和解码的专用序列化方法，这意味着 Gob 无法跨语言使用。在 Go 的`net/rpc`包中，传输数据所需要用到的编码解码器，默认就是 Gob。由于 Gob 仅局限于使用 Go 语言开发的程序，这意味着我们只能用 Go 的 RPC 实现进程间通信。然而，大多数时候，我们用 Go 编写的 RPC 服务端（或客户端），可能更希望它是通用的，与语言无关的，无论是Python 、 Java 或其他编程语言实现的 RPC 客户端，均可与之通信。

5.3.3   设计优雅的 RPC 接口

Go 的`net/rpc`很灵活，它在数据传输前后实现了编码解码器的接口定义。这意味着，开发者可以自定义数据的传输方式以及 RPC 服务端和客户端之间的交互行为。

RPC 提供的编码解码器接口如下：

```
type ClientCodec interface {
    WriteRequest(*Request, interface{}) error
```

```
        ReadResponseHeader(*Response) error
        ReadResponseBody(interface{}) error

        Close() error
    }

type ServerCodec interface {
        ReadRequestHeader(*Request) error
        ReadRequestBody(interface{}) error
        WriteResponse(*Response, interface{}) error

        Close() error
    }
```

接口ClientCodec定义了RPC 客户端如何在一个RPC 会话中发送请求和读取响应。客户端程序通过 `WriteRequest()` 方法将一个请求写入到RPC 连接中，并通过 `ReadResponseHeader()` 和 `ReadResponseBody()` 读取服务端的响应信息。当整个过程执行完毕后，再通过 `Close()` 方法来关闭该连接。

接口ServerCodec定义了RPC 服务端如何在一个RPC 会话中接收请求并发送响应。服务端程序通过 `ReadRequestHeader()` 和 `ReadRequestBody()` 方法从一个RPC 连接中读取请求信息，然后再通过 `WriteResponse()` 方法向该连接中的RPC 客户端发送响应。当完成该过程后，通过 `Close()` 方法来关闭连接。

通过实现上述接口，我们可以自定义数据传输前后的编码解码方式，而不仅仅局限于Gob。同样，可以自定义RPC 服务端和客户端的交互行为。实际上，Go 标准库提供的`net/rpc/json`包，就是一套实现了`rpc.ClientCodec`和`rpc.ServerCodec`接口的 JSON-RPC 模块。

5.4　JSON 处理

JSON（JavaScript Object Notation）是一种比XML更轻量级的数据交换格式，在易于人们阅读和编写的同时，也易于程序解析和生成。尽管JSON是JavaScript的一个子集，但JSON采用完全独立于编程语言的文本格式，且表现为键/值对集合的文本描述形式（类似一些编程语言中的字典结构），这使它成为较为理想的、跨平台、跨语言的数据交换语言。

开发者可以用JSON 传输简单的字符串、数字、布尔值，也可以传输一个数组，或者一个更复杂的复合结构。在 Web 开发领域中，JSON被广泛应用于 Web 服务端程序和客户端之间的数据通信，但也不仅仅局限于此，其应用范围非常广阔，比如作为Web Services API输出的标准格式，又或是用作程序网络通信中的远程过程调用（RPC）等。

关于JSON的更多信息，请访问JSON官方网站 http://json.org/ 查阅。

Go语言内建对JSON的支持。使用Go语言内置的`encoding/json` 标准库，开发者可以轻松使用Go程序生成和解析JSON格式的数据。在Go语言实现JSON的编码和解码时，遵循RFC4627协议标准。

5.4.1   编码为 JSON 格式

使用json.Marshal()函数可以对一组数据进行JSON格式的编码。json.Marshal()函数的声明如下：

```
func Marshal(v interface{}) ([]byte, error)
```

假如有如下一个Book类型的结构体：

```
type Book struct {
    Title string
    Authors []string
    Publisher string
    IsPublished bool
    Price float64
}
```

并且有如下一个 Book 类型的实例对象：

```
gobook := Book{
    "Go语言编程",
    {"XuShiwei", "HughLv", "Pandaman", "GuaguaSong", "HanTuo", "BertYuan",
        "XuDaoli"},
    "ituring.com.cn",
    true,
    9.99
}
```

然后，我们可以使用 json.Marshal() 函数将gobook实例生成一段JSON格式的文本：

```
b, err := json.Marshal(gobook)
```

如果编码成功，err 将赋于零值 nil，变量b 将会是一个进行JSON格式化之后的[]byte类型：

```
b == []byte(`{
    "Title": "Go语言编程",
    "Authors": ["XuShiwei", "HughLv", "Pandaman", "GuaguaSong", "HanTuo", "BertYuan",
        "XuDaoli"],
    "Publisher": "ituring.com.cn",
    "IsPublished": true,
    "Price": 9.99
}`)
```

当我们调用json.Marshal(gobook)语句时，会递归遍历gobook对象，如果发现gobook这个数据结构实现了json.Marshaler接口且包含有效的值，Marshal()就会调用其MarshalJSON()方法将该数据结构生成 JSON 格式的文本。

Go语言的大多数数据类型都可以转化为有效的JSON文本，但channel、complex和函数这几种类型除外。

如果转化前的数据结构中出现指针，那么将会转化指针所指向的值，如果指针指向的是零值，那么null将作为转化后的结果输出。

在Go中，JSON转化前后的数据类型映射如下。

- 布尔值转化为JSON后还是布尔类型。
- 浮点数和整型会被转化为JSON里边的常规数字。
- 字符串将以UTF-8编码转化输出为Unicode字符集的字符串，特殊字符比如<将会被转义为 \u003c。
- 数组和切片会转化为JSON里边的数组，但[]byte类型的值将会被转化为 Base64 编码后的字符串，slice类型的零值会被转化为 null。
- 结构体会转化为JSON对象，并且只有结构体里边以大写字母开头的可被导出的字段才会被转化输出，而这些可导出的字段会作为JSON对象的字符串索引。
- 转化一个map类型的数据结构时，该数据的类型必须是 map[string]T（T可以是 encoding/json 包支持的任意数据类型）。

5.4.2 解码 JSON 数据

可以使用json.Unmarshal()函数将JSON格式的文本解码为Go里边预期的数据结构。json.Unmarshal()函数的原型如下：

```
func Unmarshal(data []byte, v interface{}) error
```

该函数的第一个参数是输入，即JSON格式的文本（比特序列），第二个参数表示目标输出容器，用于存放解码后的值。

要解码一段JSON数据，首先需要在Go中创建一个目标类型的实例对象，用于存放解码后的值：

```
var book Book
```

然后调用json.Unmarshal()函数，将 []byte 类型的JSON数据作为第一个参数传入，将 book 实例变量的指针作为第二个参数传入：

```
err := json.Unmarshal(b, &book)
```

如果 b 是一个有效的JSON数据并能和 book 结构对应起来，那么JSON解码后的值将会一一存放到book结构体中。解码成功后的 book 数据如下：

```
book := Book{
    "Go语言编程",
    ["XuShiwei", "HughLv", "Pandaman", "GuaguaSong", "HanTuo", "BertYuan",
        "XuDaoli"],
    "ituring.com.cn",
    true,
    9.99
}
```

我们不禁好奇，Go是如何将JSON数据解码后的值一一准确无误地关联到一个数据结构中的相应字段呢？

实际上，json.Unmarshal()函数会根据一个约定的顺序查找目标结构中的字段，如果找到一个即发生匹配。假设一个JSON对象有个名为"Foo"的索引，要将"Foo"所对应的值填充到目标结构体的目标字段上，json.Unmarshal()将会遵循如下顺序进行查找匹配：

(1) 一个包含Foo标签的字段；

(2) 一个名为Foo的字段；

(3) 一个名为Foo或者除了首字母其他字母不区分大小写的名为Foo的字段。

这些字段在类型声明中必须都是以大写字母开头、可被导出的字段。

但是当JSON数据里边的结构和Go里边的目标类型的结构对不上时，会发生什么呢？示例代码如下：

```
b := []byte(`{"Title": "Go语言编程", "Sales": 1000000}`)
var gobook Book
err := json.Unmarshal(b, &gobook)
```

如果JSON中的字段在Go目标类型中不存在，json.Unmarshal()函数在解码过程中会丢弃该字段。在上面的示例代码中，由于Sales字段并没有在Book类型中定义，所以会被忽略，只有Title这个字段的值才会被填充到gobook.Title中。

这个特性让我们可以从同一段JSON数据中筛选指定的值填充到多个Go语言类型中。当然，前提是已知JSON数据的字段结构。这也同样意味着，目标类型中不可被导出的私有字段（非首字母大写）将不会受到解码转化的影响。

但如果JSON的数据结构是未知的，应该如何处理呢？

5.4.3 解码未知结构的 JSON 数据

我们已经知道，Go语言支持接口。在Go语言里，接口是一组预定义方法的组合，任何一个类型均可通过实现接口预定义的方法来实现接口，且无需显示声明，所以没有任何方法的空接口可以代表任何类型。换句话说，每一个类型其实都至少实现了一个空接口。

Go内建这样灵活的类型系统，向我们传达了一个很有价值的信息：空接口是通用类型。如果要解码一段未知结构的JSON，只需将这段JSON数据解码输出到一个空接口即可。在解码JSON数据的过程中，JSON数据里边的元素类型将做如下转换：

❑ JSON中的布尔值将会转换为Go中的bool类型；

❑ 数值会被转换为Go中的float64类型；

❑ 字符串转换后还是string类型；

❑ JSON数组会转换为[]interface{}类型；

❑ JSON对象会转换为map[string]interface{}类型；

❑ null值会转换为nil。

在Go的标准库encoding/json包中，允许使用map[string]interface{}和[]interface{}类型的值来分别存放未知结构的JSON对象或数组，示例代码如下：

```
b := []byte(`{
    "Title": "Go语言编程",
    "Authors": ["XuShiwei", "HughLv", "Pandaman", "GuaguaSong", "HanTuo", "BertYuan",
        "XuDaoli"],
    "Publisher": "ituring.com.cn",
    "IsPublished": true,
    "Price": 9.99,
    "Sales": 1000000
}`)
var r interface{}
err := json.Unmarshal(b, &r)
```

在上述代码中，r被定义为一个空接口。json.Unmarshal() 函数将一个JSON对象解码到空接口r中，最终r将会是一个键值对的 map[string]interface{} 结构：

```
map[string]interface{}{
    "Title": "Go语言编程",
    "Authors": ["XuShiwei", "HughLv", "Pandaman", "GuaguaSong", "HanTuo", "BertYuan",
    "XuDaoli"],
    "Publisher": "ituring.com.cn",
    "IsPublished": true,
    "Price": 9.99,
    "Sales": 1000000
}
```

要访问解码后的数据结构，需要先判断目标结构是否为预期的数据类型：

```
gobook, ok := r.(map[string]interface{})
```

然后，我们可以通过for循环搭配range语句一一访问解码后的目标数据：

```
if ok {
    for k, v := range gobook {
        switch v2 := v.(type) {
            case string:
                fmt.Println(k, "is string", v2)
            case int:
                fmt.Println(k, "is int", v2)
            case bool:
                fmt.Println(k, "is bool", v2)
            case []interface{}:
                fmt.Println(k, "is an array:")
                for i, iv := range v2 {
                    fmt.Println(i, iv)
                }
            default:
                fmt.Println(k, "is another type not handle yet")
        }
    }
}
```

虽然有些烦琐，但的确是一种解码未知结构的JSON数据的安全方式。

5.4.4   JSON 的流式读写

Go内建的`encoding/json`包还提供`Decoder`和`Encoder`两个类型，用于支持JSON数据的流式读写，并提供`NewDecoder()`和`NewEncoder()`两个函数来便于具体实现：

```
func NewDecoder(r io.Reader) *Decoder
func NewEncoder(w io.Writer) *Encoder
```

代码清单5-6从标准输入流中读取JSON数据，然后将其解码，但只保留`Title`字段（书名），再写入到标准输出流中。

代码清单5-6   jsondemo.go

```go
package main
import (
    "encoding/json"
    "log"
    "os"
)

func main() {
    dec := json.NewDecoder(os.Stdin)
    enc := json.NewEncoder(os.Stdout)
    for {
        var v map[string]interface{}
        if err := dec.Decode(&v); err != nil {
            log.Println(err)
            return
        }
        for k := range v {
            if k != "Title" {
                delete(v,k)
            }
        }
        if err := enc.Encode(&v); err != nil {
            log.Println(err)
        }
    }
}
```

使用`Decoder`和`Encoder`对数据流进行处理可以应用得更为广泛些，比如读写 HTTP 连接、WebSocket或文件等，Go的标准库`net/rpc/jsonrpc`就是一个应用了`Decoder`和`Encoder`的实际例子。

5.5   网站开发

在这一节中，我们将向你循序渐进地讲解怎样使用Go进行Web开发。本节将围绕一个简单的相册程序进行，尽管示例程序比较简单，但体现的都是使用Go开发网站的几处关键环节，旨在让你系统了解基于原生的Go语言开发Web应用程序的基本思路及其相关细节的具体实现。

5.5.1 最简单的网站程序

让我们从最简单的网站程序入手。

还记得第1章中编写的那个最简单的Hello world示例程序吗？现在稍微调整几行代码，将其改造成一个可用浏览器打开并能在网页中显示"Hello, world!"的小程序。打开你最喜爱的编辑器，编写如代码清单5-7所示的几行代码（示例中笔者使用Vim编辑器并将其存盘为 hello.go）。

代码清单5-7　hello.go

```go
package main

import (
    "io"
    "log"
    "net/http"
)

func helloHandler(w http.ResponseWriter, r *http.Request) {
    io.WriteString(w, "Hello, world!")
}

func main() {
    http.HandleFunc("/hello", helloHandler)
    err := http.ListenAndServe(":8080", nil)
    if err != nil {
        log.Fatal("ListenAndServe: ", err.Error())
    }
}
```

我们引入了Go语言标准库中的 net/http 包，主要用于提供Web服务，响应并处理客户端（浏览器）的HTTP请求。同时，使用io包而不是fmt包来输出字符串，这样源文件编译成可执行文件后，体积要小很多，运行起来也更省资源。

接下来，让我们简单地了解Go语言的http包在上述示例中所做的工作。

5.5.2 net/http 包简介

可以看到，我们在main()方法中调用了http.HandleFunc()，该方法用于分发请求，即针对某一路径请求将其映射到指定的业务逻辑处理方法中。如果你有其他编程语言（比如Ruby、Python或者PHP等）的Web开发经验，可以将其形象地理解为提供类似URL路由或者URL映射之类的功能。在hello.go中，http.HandleFunc()方法接受两个参数，第一个参数是HTTP请求的目标路径"/hello"，该参数值可以是字符串，也可以是字符串形式的正则表达式，第二个参数指定具体的回调方法，比如helloHandler。当我们的程序运行起来后，访问http://localhost:8080/hello，程序就会去调用helloHandler()方法中的业务逻辑程序。

在上述例子中，helloHandler()方法是http.HandlerFunc类型的实例，并传入http.ResponseWriter和http.Request作为其必要的两个参数。http.ResponseWriter类

型的对象用于包装处理HTTP服务端的响应信息。我们将字符串`"Hello, world!"`写入类型为`http.ResponseWriter`的w实例中，即可将该字符串数据发送到HTTP客户端。第二个参数`r *http.Request`表示的是此次HTTP请求的一个数据结构体，即代表一个客户端，不过该示例中我们尚未用到它。

我们还看到，在`main()`方法中调用了`http.ListenAndServe()`，该方法用于在示例中监听 8080 端口，接受并调用内部程序来处理连接到此端口的请求。如果端口监听失败，会调用`log.Fatal()`方法输出异常出错信息。

正如你所见，`main()`方法中的短短两行即开启了一个HTTP服务，使用Go语言的`net/http`包搭建一个Web是如此简单！当然，`net/http`包的作用远不止这些，我们只用到其功能的一小部分。

试着编译并运行当前的这份 hello.go 源文件：

```
$ go run hello.go
```

然后访问 http://localhost:8080/hello，看会发生什么。

5.5.3　开发一个简单的相册网站

本节我们将综合之前介绍的网站开发相关知识，一步步介绍如何开发一个虽然简单但五脏俱全的相册网站。

1. 新建工程

首先创建一个用于存放工程源代码的目录并切换到该目录中去，随后创建一个名为photoweb.go 的文件，用于后面编辑我们的代码：

```
$ mkdir -p photoweb/uploads
$ cd photoweb
$ touch photoweb.go
```

我们的示例程序不是再造一个Flickr那样的网站或者比其更强大的图片分享网站，虽然我们可能很想这么玩。不过还是先让我们快速开发一个简单的网站小程序，暂且只实现以下最基本的几个功能：

❑ 支持图片上传；
❑ 在网页中可以查看已上传的图片；
❑ 能看到所有上传的图片列表；
❑ 可以删除指定的图片。

功能不多，也很简单。在大概了解之前的网页输出Hello world示例后，想必你已经知道可以引入`net/http`包来提供更多的路由分派并编写与之对应的业务逻辑处理方法，只不过会比输出一行`Hello, world!`多一些环节，还有些细节需要关注和处理。

2. 使用`net/http`包提供网络服务

接下来，我们继续使用Go标准库中的`net/http`包来一步步构建整个相册程序的网络服务。

上传图片

先从最基本的图片上传着手，具体代码如代码清单5-8所示。

代码清单5-8　photoweb.go

```go
package main

import (
    "io"
    "log"
    "net/http"
)

func uploadHandler(w http.ResponseWriter, r *http.Request) {
    if r.Method == "GET" {
        io.WriteString(w, "<form method=\"POST\" action=\"/upload\" "+
            " enctype=\"multipart/form-data\">"+
            "Choose an image to upload: <input name=\"image\" type=\"file\" />"+
            "<input type=\"submit\" value=\"Upload\" />"+
            "</form>")

        return
    }
}

func main() {
    http.HandleFunc("/upload", uploadHandler)
    err := http.ListenAndServe(":8080", nil)
    if err != nil {
        log.Fatal("ListenAndServe: ", err.Error())
    }
}
```

可以看到，结合main()和uploadHandler()方法，针对HTTP GET方式请求/upload路径，程序将会往http.ResponseWriter类型的实例对象w中写入一段HTML文本，即输出一个HTML上传表单。如果我们使用浏览器访问这个地址，那么网页上将会是一个可以上传文件的表单。

光有上传表单还不能完成图片上传，服务端程序还必须有接收上传图片的相关处理。针对上传表单提交过来的文件，我们对uploadHandler()方法再添加些业务逻辑程序：

```go
const (
    UPLOAD_DIR = "./uploads"
)

func uploadHandler(w http.ResponseWriter, r *http.Request) {
    if r.Method == "GET" {
        io.WriteString(w, "<form method=\"POST\" action=\"/upload\" "+
            " enctype=\"multipart/form-data\">"+
            "Choose an image to upload: <input name=\"image\" type=\"file\" />"+
            "<input type=\"submit\" value=\"Upload\" />"+
            "</form>")
        return
    }
```

```
if r.Method == "POST" {
    f, h, err := r.FormFile("image")
    if err != nil {
        http.Error(w, err.Error(),
        http.StatusInternalServerError)
        return
    }
    filename := h.Filename
    defer f.Close()
    t, err := os.Create(UPLOAD_DIR + "/" + filename)
    if err != nil {
        http.Error(w, err.Error(),
        http.StatusInternalServerError)
        return
    }
    defer t.Close()
    if _, err := io.Copy(t, f); err != nil {
        http.Error(w, err.Error(),
        http.StatusInternalServerError)
        return
    }
    http.Redirect(w, r, "/view?id="+filename,
    http.StatusFound)
}
}
```

如果是客户端发起的HTTP POST请求，那么首先从表单提交过来的字段寻找名为 image 的文件域并对其接值，调用r.FormFile()方法会返回3个值，各个值的类型分别是multipart.File、*multipart.FileHeader和error。

如果上传的图片接收不成功，那么在示例程序中返回一个HTTP服务端的内部错误给客户端。

如果上传的图片接收成功，则将该图片的内容复制到一个临时文件里。如果临时文件创建失败，或者图片副本保存失败，都将触发服务端内部错误。

如果临时文件创建成功并且图片副本保存成功，即表示图片上传成功，就跳转到查看图片页面。此外，我们还定义了两个defer语句，无论图片上传成功还是失败，当uploadHandler()方法执行结束时，都会先关闭临时文件句柄，继而关闭图片上传到服务器文件流的句柄。

当图片上传成功后，我们即可在网页上查看这张图片，顺便确认图片是否真正上传到了服务端。接下来在网页中呈现这张图片。

在网页上显示图片

要在网页中显示图片，必须有一个可以访问到该图片的网址。在前面的示例代码中，图片上传成功后会跳转到/view?id=<ImageId>这样的网址，因此我们的程序要能够将对 /view 路径的访问映射到某个具体的业务逻辑处理方法。

首先，在photoweb程序中新增一个名为viewHanlder()的方法，其代码如下：

```go
func viewHandler(w http.ResponseWriter, r *http.Request) {
    imageId := r.FormValue("id")
    imagePath := UPLOAD_DIR + "/" + imageId
    w.Header().Set("Content-Type", "image")
    http.ServeFile(w, r, imagePath)
}
```

在上述代码中，我们首先从客户端请求中对参数进行接值。r.FormValue("id")即可得到客户端请求传递的图片唯一ID，然后我们将图片ID结合之前保存图片用的目录进行组装，即可得到文件在服务器上的存放路径。接着，调用http.ServeFile()方法将该路径下的文件从磁盘中读取并作为服务端的返回信息输出给客户端。同时，也将HTTP响应头输出格式预设为image类型。这是一种比较简单的示意写法，实际上应该严谨些，准确解析出文件的MimeType并将其作为Content-Type进行输出，具体可参考Go语言标准库中的http.DetectContentType()方法和mime包提供的相关方法。

完成viewHandler()的业务逻辑后，我们将该方法注册到程序的main()方法中，与/view路径访问形成映射关联。main()方法的代码如下：

```go
func main() {
    http.HandleFunc("/view", viewHandler)
    http.HandleFunc("/upload", uploadHandler)
    err := http.ListenAndServe(":8080", nil)
    if err != nil {
        log.Fatal("ListenAndServe: ", err.Error())
    }
}
```

这样当客户端（浏览器）访问/view路径并传递id参数时，即可直接以HTTP形式看到图片的内容。在网页上，将会呈现一张可视化的图片。

处理不存在的图片访问

理论上，只要是uploads/目录下有的图片，都能够访问到，但我们还是假设有意外情况，比如网址中传入的图片ID在 uploads/ 没有对应的文件，这时，我们的viewHandler()方法就显得很脆弱了。不管是给出友好的错误提示还是返回404页面，都应该对这种情况作相应处理。我们不妨先以最简单有效的方式对其进行处理，修改viewHandler()方法，具体如下：

```go
func viewHandler(w http.ResponseWriter, r *http.Request) {
    imageId := r.FormValue("id")
    imagePath := UPLOAD_DIR + "/" + imageId
    if exists := isExists(imagePath); !exists {
        http.NotFound(w, r)
        return
    }
    w.Header().Set("Content-Type", "image")
    http.ServeFile(w, r, imagePath)
}
func isExists(path string) bool {
    _, err := os.Stat(path)
    if err == nil {
```

```
        return true
    }
    return os.IsExist(err)
}
```

同时，我们增加了isExists()辅助函数，用于检查文件是否真的存在。

列出所有已上传图片

应该有个入口，可以看到所有已上传的图片。对于所有列出的这些图片，我们可以选择进行查看或者删除等操作。下面假设在访问首页时列出所有上传的图片。

由于我们将客户端上传的图片全部保存在工程的./uploads目录下，所以程序中应该有个名叫listHandler()的方法，用于在网页上列出该目录下存放的所有文件。暂时我们不考虑以缩略图的形式列出所有已上传图片，只需列出可供访问的文件名称即可。下面我们就来实现这个listHandler()方法：

```
func listHandler(w http.ResponseWriter, r *http.Request) {
    fileInfoArr, err := ioutil.ReadDir("./uploads")
    if err != nil {
        http.Error(w, err.Error(),
        http.StatusInternalServerError)
        return
    }

    var listHtml string
    for _, fileInfo := range fileInfoArr {
        imgid := fileInfo.Name()
        listHtml += "<li><a href=\"/view?id="+imgid+"\">imgid</a></li>"
    }

    io.WriteString(w, "<ol>"+listHtml+"</ol>")
}
```

从上面的listHandler()方法中可以看到，程序先从./uploads目录中遍历得到所有文件并赋值到fileInfoArr变量里。fileInfoArr是一个数组，其中的每一个元素都是一个文件对象。然后，程序遍历fileInfoArr数组并从中得到图片的名称，用于在后续的HTML片段中显示文件名和传入的参数内容。listHtml变量用于在for循序中将图片名称一一串联起来生成一段HTML，最后调用io.WriteString()方法将这段HTML输出返回给客户端。

然后在photoweb. go程序的main()方法中，我们将对首页的访问映射到listHandler()方法。main()方法的代码如下：

```
func main() {
    http.HandleFunc("/", listHandler)
    http.HandleFunc("/view", viewHandler)
    http.HandleFunc("/upload", uploadHandler)
    err := http.ListenAndServe(":8080", nil)
    if err != nil {
        log.Fatal("ListenAndServe: ", err.Error())
    }
}
```

这样在访问网站首页的时候，即可看到已上传的所有图片列表了。

不过，你是否注意到一个事实，我们在photoweb.go程序的uploadHandler()和listHandler()方法中都使用io.WriteString()方法输出HTML。正如你想到的那样，在业务逻辑处理程序中混杂HTML可不是什么好事情，代码多起来后会导致程序不够清晰，而且改动程序里边的HTML文本时，每次都要重新编译整个工程的源代码才能看到修改后的效果。正确的做法是，应该将业务逻辑程序和表现层分离开来，各自单独处理。这时候，就需要使用网页模板技术了。

Go标准库中的html/template包对网页模板有着良好的支持。接下来，让我们来了解如何在photoweb.go程序中用上Go的模板功能。

3. 渲染网页模板

使用Go标准库提供的html/template包，可以让我们将 HTML 从业务逻辑程序中抽离出来形成独立的模板文件，这样业务逻辑程序只负责处理业务逻辑部分和提供模板需要的数据，模板文件负责数据要表现的具体形式。然后模板解析器将这些数据以定义好的模板规则结合模板文件进行渲染，最终将渲染后的结果一并输出，构成一个完整的网页。

下面我们把photoweb.go 程序的uploadHandler()和listHandler()方法中的HTML 文本抽出，生成模板文件。

新建一个名为 upload.html 的文件，内容如下：

```html
<!doctype html>
<html>
<head>
<meta charset="utf-8">
<title>Upload</title>
</head>
<body>
    <form method="POST" action="/upload" enctype="multipart/form-data">
        Choose an image to upload: <input name="image" type="file" />
    <input type="submit" value="Upload" />
    </form>
</body>
</html>
```

然后新建一个名为 list.html 的文件，内容如下：

```html
<!doctype html>
<html>
<head>
<meta charset="utf-8">
<title>List</title>
</head>
<body>
<ol>
    {{range $.images}}
<li><a href="/view?id={{.|urlquery}}">{{.|html}}</a></li>
    {{end}}
</ol>
</body>
</html>
```

在上述模板中，双大括号{{}}是区分模板代码和HTML的分隔符，括号里边可以是要显示输出的数据，或者是控制语句，比如if判断式或者range循环体等。

range 语句在模板中是一个循环过程体，紧跟在range后面的必须是一个array、slice或map类型的变量。在 list.html 模板中，images是一组string类型的切片。在使用range语句遍历的过程中，.即表示该循环体中的当前元素，.|formatter表示对当前这个元素的值以 formatter 方式进行格式化输出，比如.|urlquery}即表示对当前元素的值进行转换以适合作为URL一部分，而{{.|html 表示对当前元素的值进行适合用于HTML 显示的字符转化，比如">"会被转义成">"。

如果range关键字后面紧跟的是map这样的多维复合结构，循环体中的当前元素可以用.key1.key2.keyN这样的形式表示。

如果要更改模板中默认的分隔符，可以使用template包提供的Delims()方法。

在了解模板语法后，接着我们修改 photoweb.go 源文件，引入html/template包，并修改uploadHandler()和listHandler()方法，具体如代码清单5-9所示。

代码清单5-9   photoweb.go

```go
package main

import (
    "io"
    "os"
    "syscall"
    "log"
    "net/http"
    "io/ioutil"
    "html/template"
)

func uploadHandler(w http.ResponseWriter, r *http.Request) {
    if r.Method == "GET" {
        t, err := template.ParseFiles("upload.html")
        if err != nil {
            http.Error(w, err.Error(),http.StatusInternalServerError)
            return
        }
        t.Execute(w, nil)
        return
    }
    if r.Method == "POST" {
        // ...
    }
}

func listHandler(w http.ResponseWriter, r *http.Request) {
    fileInfoArr, err := ioutil.ReadDir("./uploads")
    if err != nil {
        http.Error(w, err.Error(),
        http.StatusInternalServerError)
```

```
        return
    }
    locals := make(map[string]interface{})
    images := []string{}
    for _, fileInfo := range fileInfoArr {
        images = append(images, fileInfo.Name())
    }
    locals["images"] = images
    t, err := template.ParseFiles("list.html")
    if err != nil {
        http.Error(w, err.Error(),
        http.StatusInternalServerError)
        return
    }
    t.Execute(w, locals)
}
```

在上面的代码中，`template.ParseFiles()`函数将会读取指定模板的内容并且返回一个`*template.Template`值。

`t.Execute()`方法会根据模板语法来执行模板的渲染，并将渲染后的结果作为HTTP的返回数据输出。

在uploadHandler()方法和listHandler()方法中，均调用了`template.ParseFiles()`和`t.Execute()`这两个方法。根据DRY（Don't Repeat Yourself）原则，我们可以将模板渲染代码分离出来，单独编写一个处理函数，以便其他业务逻辑处理函数都可以使用。于是，我们可以定义一个名为renderHtml()的方法用来渲染模板：

```
func renderHtml(w http.ResponseWriter, tmpl string, locals map[string]interface{})
    err error {
    t, err = template.ParseFiles(tmpl + ".html")
    if err != nil {
        return
    }
    err = t.Execute(w, locals)
}
```

有了renderHtml()这个通用的模板渲染方法，uploadHandler()和listHandler()方法的代码可以再精简些，如下：

```
func uploadHandler(w http.ResponseWriter, r *http.Request){
    if r.Method == "GET" {
        if err := renderHtml(w, "upload", nil); err != nil{
            http.Error(w, err.Error(),
            http.StatusInternalServerError)
            return
        }
    }
    if r.Method == "POST" {
        // ...
    }
}

func listHandler(w http.ResponseWriter, r *http.Request) {
    fileInfoArr, err := ioutil.ReadDir("./uploads")
```

```
    if err != nil {
        http.Error(w, err.Error(), http.StatusInternalServerError)
        return
    }

    locals := make(map[string]interface{})
    images := []string{}
    for _, fileInfo := range fileInfoArr {
        images = append(images, fileInfo.Name())
    }
    locals["images"] = images
    if err = renderHtml(w, "list", locals); err != nil {
        http.Error(w, err.Error(),
        http.StatusInternalServerError)
    }
}
```

当我们引入了Go标准库中的html/template包，实现了业务逻辑层与表现层分离后，对模板渲染逻辑去重，编写并使用通用模板渲染方法renderHtml()，这让业务逻辑处理层的代码看起来确实要清晰简洁许多。

不过，直觉敏锐的你可能已经发现，无论是重构后的uploadHandler()还是listHandler()方法，每次调用这两个方法时都会重新读取并渲染模板。很明显，这很低效，也比较浪费资源，有没有一种办法可以让模板只加载一次呢？

答案是肯定的，聪明的你可能已经想到怎么对模板进行缓存了。

4. 模板缓存

对模板进行缓存，即指一次性预加载模板。我们可以在photoweb程序初始化运行的时候，将所有模板一次性加载到程序中。正好Go的包加载机制允许我们在init()函数中做这样的事情，init()会在main()函数之前执行。

首先，我们在photoweb程序中声明并初始化一个全局变量templates，用于存放所有模板内容：

```
templates := make(map[string]*template.Template)
```

templates是一个map类型的复合结构，map的键（key）是字符串类型，即模板的名字，值（value）是 *template.Template 类型。

接着，我们在 photoweb 程序的init()函数中一次性加载所有模板：

```
func init() {
    for _, tmpl := range []string{"upload", "list"} {
        t := template.Must(template.ParseFiles(tmpl + ".html"))
        templates[tmpl] = t
    }
}
```

在上面的代码中，我们在template.ParseFiles()方法的外层强制使用template.Must()进行封装，template.Must()确保了模板不能解析成功时，一定会触发错误处理流程。之所以这么做，是因为倘若模板不能成功加载，程序能做的唯一有意义的事情就是退出。

在range语句中，包含了我们希望加载的upload.html和list.html两个模板，如果我们想加载更多模板，只需往这个数组中添加更多元素即可。当然，最好的办法应该是将所有HTML模板文件统一放到一个子文件夹中，然后对这个模板文件夹进行遍历和预加载。如果需要加载新的模板，只需在这个文件夹中新建模板即可。这样做的好处是不用反复修改代码即可重新编译程序，而且实现了业务层和表现层真正意义上的分离。

不妨让我们这样试试看！

首先创建一个名为./views的目录，然后将当前目录下所有html文件移动到该目录下：

```
$ mkdir ./views
$ mv *.html ./views
```

接着适当地对init()方法中的代码进行改写，好让程序初始化时即可预加载该目录下的所有模板文件，如下列代码所示：

```go
const (
    TEMPLATE_DIR = "./views"
)

var templates = make(map[string]*template.Template)
func init() {
    fileInfoArr, err := ioutil.ReadDir(TEMPLATE_DIR)
    if err != nil {
        panic(err)
        return
    }

    var templateName, templatePath string
    for _, fileInfo := range fileInfoArr {
        templateName = fileInfo.Name()
        if ext := path.Ext(templateName); ext != ".html" {
            continue
        }
        templatePath = TEMPLATE_DIR + "/" + templateName
        log.Println("Loading template:", templatePath)
        t := template.Must(template.ParseFiles(templatePath))
        templates[templatePath] = t
    }
}
```

同时，别忘了对renderHtml()的代码进行相应的调整：

```go
func renderHtml(w http.ResponseWriter, tmpl string, locals map[string]interface{})
    err error {
    err = templates[tmpl].Execute(w, locals)
}
```

此时，renderHtml()函数的代码也变得更为简洁。还好我们之前单独封装了renderHtml()函数，这样全局代码中只需更改这一个地方，这无疑是代码解耦的好处之一！

5. 错误处理

在前面的代码中，有不少地方对于出错处理都是直接返回http.Error() 50x系列的服务端内部错误。从DRY的原则来看，不应该在程序中到处使用一样的代码。我们可以定义一个名为

check() 的方法，用于统一捕获 50x 系列的服务端内部错误：

```
func check(err error) {
    if err != nil {
        panic(err)
    }
}
```

此时，我们可以将 photoweb 程序中出现的以下代码：

```
if err != nil {
    http.Error(w, err.Error(),http.StatusInternalServerError)
    return
}
```

统一替换为 check() 处理：

```
check(err)
```

错误处理虽然简单很多，但是也带来一个问题。由于发生错误触发错误处理流程必然会引发程序停止运行，这种改法有点像搬起石头砸自己的脚。

其实我们可以换一种思维方式。尽管我们从书写上能保证大多数错误都能得到相应的处理，但根据墨菲定律，有可能出问题的地方就一定会出问题，在计算机程序里尤其如此。如果程序中我们正确地处理了99个错误，但若有一个系统错误意外导致程序出现异常，那么程序同样还是会终止运行。我们不能预计一个工程里边会出现多少意外的情况，但是不管什么意外，只要会触发错误处理流程，我们就有办法对其进行处理。如果这样思考，那么前面这种改法又何尝不是置死地而后生呢？

接下来，让我们了解如何处理 panic 导致程序崩溃的情况。

6. 巧用闭包避免程序运行时出错崩溃

Go 支持闭包。闭包可以是一个函数里边返回的另一个匿名函数，该匿名函数包含了定义在它外面的值。使用闭包，可以让我们网站的业务逻辑处理程序更安全地运行。

我们可以在 photoweb 程序中针对所有的业务逻辑处理函数（listHandler()、viewHandler() 和 uploadHandler()）再进行一次包装。在如下的代码中，我们定义了一个名为 safeHandler() 的函数，该函数有一个参数并且返回一个值，传入的参数和返回值都是一个函数，且都是 http.HandlerFunc 类型，这种类型的函数有两个参数：http.ResponseWriter 和 *http.Request。函数规格同 photoweb 的业务逻辑处理函数完全一致。事实上，我们正是要把业务逻辑处理函数作为参数传入到 safeHandler() 方法中，这样任何一个错误处理流程向上回溯的时候，我们都能对其进行拦截处理，从而也能避免程序停止运行：

```
func safeHandler(fn http.HandlerFunc) http.HandlerFunc {
    return func(w http.ResponseWriter, r *http.Request) {
        defer func() {
            if e, ok := recover().(error); ok {
                http.Error(w, e.Error(), http.StatusInternalServerError)
                // 或者输出自定义的 50x 错误页面
                // w.WriteHeader(http.StatusInternalServerError)
                // renderHtml(w, "error", e)
```

```
                        // logging
                        log.Println("WARN: panic in %v - %v", fn, e)
                        log.Println(string(debug.Stack()))
                    }
                }()
                fn(w, r)
            }
        }
```

在上述这段代码中，我们巧妙地使用了defer关键字搭配recover()方法终结panic的肆行。safeHandler()接收一个业务逻辑处理函数作为参数，同时调用这个业务逻辑处理函数。该业务逻辑函数执行完毕后，safeHandler()中defer指定的匿名函数会执行。倘若业务逻辑处理函数里边引发了panic，则调用recover()对其进行检测，若为一般性的错误，则输出HTTP 50x出错信息并记录日志，而程序将继续良好运行。

要应用safeHandler()函数，只需在main()中对各个业务逻辑处理函数做一次包装，如下面的代码所示：

```
func main() {
    http.HandleFunc("/", safeHandler(listHandler))
    http.HandleFunc("/view", safeHandler(viewHandler))
    http.HandleFunc("/upload", safeHandler(uploadHandler))
    err := http.ListenAndServe(":8080", nil)
    if err != nil {
        log.Fatal("ListenAndServe: ", err.Error())
    }
}
```

7. 动态请求和静态资源分离

你一定还有一个疑问，那就是前面的业务逻辑层都是动态请求，但若是针对静态资源（比如CSS和JavaScript等），是没有业务逻辑处理的，只需提供静态输出。在Go里边，这当然是可行的。

还记得前面我们在viewHandler()函数里边有用到http.ServeFile()这个方法吗？ net/http包提供的这个ServeFile()函数可以将服务端的一个文件内容读写到 http.Response-Writer并返回给请求来源的 *http.Request客户端。用前面介绍的闭包技巧结合这个http.ServeFile()方法，我们就能轻而易举地实现业务逻辑的动态请求和静态资源的完全分离。

假设我们有./public这样一个存放 css/、js/、images/等静态资源的目录，原则上所有如下的请求规则都指向该 ./public 目录下相对应的文件：

```
[GET] /assets/css/*.css
[GET] /assets/js/*.js
[GET] /assets/images/*.js
```

然后，我们定义一个名为staticDirHandler()的方法，用于实现上述需求：

```
const (
    ListDir = 0x0001
)
```

```go
func staticDirHandler(mux *http.ServeMux, prefix string, staticDir string, flags int)
{
    mux.HandleFunc(prefix, func(w http.ResponseWriter, r *http.Request) {
        file := staticDir + r.URL.Path[len(prefix)-1:]
        if (flags & ListDir) == 0 {
            if exists := isExists(file); !exists {
                http.NotFound(w, r)
                return
            }
        }
        http.ServeFile(w, r, file)
    })
}
```

最后，我们需要稍微改动下main()函数：

```go
func main() {
    mux := http.NewServeMux()
    staticDirHandler(mux, "/assets/", "./public", 0)
    mux.HandleFunc("/", safeHandler(listHandler))
    mux.HandleFunc("/view", safeHandler(viewHandler))
    mux.HandleFunc("/upload", safeHandler(uploadHandler))
    err := http.ListenAndServe(":8080", mux)
    if err != nil {
        log.Fatal("ListenAndServe: ", err.Error())
    }
}
```

如此即完美实现了静态资源和动态请求的分离。

当然，我们要思考是否确实需要用Go来提供静态资源的访问。如果使用外部Web服务器（比如Nginx等），就没必要使用Go编写的静态文件服务了。在本机做开发时有一个程序内置的静态文件服务器还是很实用的。

8. 重构

经过前面对photoweb程序一一重整之后，整个工程的目录结构如下：

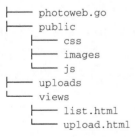

```
├── photoweb.go
├── public
│   ├── css
│   ├── images
│   └── js
├── uploads
└── views
    ├── list.html
    └── upload.html
```

photoweb.go程序的源码最终如代码清单5-10所示。

代码清单5-10 photoweb.go

```go
package main
import (
    "io"
```

```
        "log"
        "path"
        "net/http"
        "io/ioutil"
        "html/template"
        "runtime/debug"
)

const (
    ListDir      = 0x0001
    UPLOAD_DIR   = "./uploads"
    TEMPLATE_DIR = "./views"
)

templates := make(map[string]*template.Template)

func init() {
    fileInfoArr, err := ioutil.ReadDir(TEMPLATE_DIR)
    check(err)

    var templateName, templatePath string
    for _, fileInfo := range fileInfoArr {
        templateName = fileInfo.Name()
        if ext := path.Ext(templateName); ext != ".html" {
            continue
        }
        templatePath = TEMPLATE_DIR + "/" + templateName
        log.Println("Loading template:", templatePath)
        t := template.Must(template.ParseFiles(templatePath))
        templates[templatePath] = t
    }
}

func check(err error) {
    if err != nil {
        panic(err)
    }
}

func renderHtml(w http.ResponseWriter, tmpl string, locals map[string]interface{}) {
    err := templates[tmpl].Execute(w, locals)
    check(err)
}

func isExists(path string) bool {
    _, err := os.Stat(path)
    if err == nil {
        return true
    }
    return os.IsExist(err)
}


func uploadHandler(w http.ResponseWriter, r *http.Request) {
```

```go
    if r.Method == "GET" {
        renderHtml(w, "upload", nil);
    }
    if r.Method == "POST" {
        f, h, err := r.FormFile("image")
        check(err)
        filename := h.Filename
        defer f.Close()
        t, err := ioutil.TempFile(UPLOAD_DIR, filename)
        check(err)
        defer t.Close()
        _, err := io.Copy(t, f)
        check(err)
        http.Redirect(w, r, "/view?id="+filename,
            http.StatusFound)
    }
}

func viewHandler(w http.ResponseWriter, r *http.Request) {
    imageId := r.FormValue("id")
    imagePath := UPLOAD_DIR + "/" + imageId
    if exists := isExists(imagePath); !exists {
        http.NotFound(w, r)
        return
    }

    w.Header().Set("Content-Type", "image")
    http.ServeFile(w, r, imagePath)
}

func listHandler(w http.ResponseWriter, r *http.Request) {
    fileInfoArr, err := ioutil.ReadDir("./uploads")
    check(err)
    locals := make(map[string]interface{})
    images := []string{}
    for _, fileInfo := range fileInfoArr {
        images = append(images, fileInfo.Name())
    }
    locals["images"] = images
    renderHtml(w, "list", locals)
}

func safeHandler(fn http.HandlerFunc) http.HandlerFunc {
    return func(w http.ResponseWriter, r *http.Request) {
        defer func() {
            if e, ok := recover().(error); ok {
                http.Error(w, e.Error(), http.StatusInternalServerError)
                // 或者输出自定义的50x错误页面
                // w.WriteHeader(http.StatusInternalServerError)
                // renderHtml(w, "error", e)
                // logging
                log.Println("WARN: panic in %v. - %v", fn, e)
                log.Println(string(debug.Stack()))
            }
```

```
        }()
        fn(w, r)
    }
}

func staticDirHandler(mux *http.ServeMux, prefix string, staticDir string, flags int)
{
    mux.HandleFunc(prefix, func(w http.ResponseWriter, r *http.Request) {
        file := staticDir + r.URL.Path[len(prefix)-1:]
        if (flags & ListDir) == 0 {
            if exists := isExists(file); !exists {
                http.NotFound(w, r)
                return
            }
        }
        http.ServeFile(w, r, file)
    })
}

func main() {
    mux := http.NewServeMux()
    staticDirHandler(mux, "/assets/", "./public", 0)
    mux.HandleFunc("/", safeHandler(listHandler))
    mux.HandleFunc("/view", safeHandler(viewHandler))
    mux.HandleFunc("/upload", safeHandler(uploadHandler))
    err := http.ListenAndServe(":8080", mux)
    if err != nil {
        log.Fatal("ListenAndServe: ", err.Error())
    }
}
```

9. 更多资源

Go的第三方库很丰富，无论是对于关系型数据库驱动还是非关系型的键值存储系统的接入，都有着良好的支持，而且还有丰富的Go语言Web开发框架以及用于Web开发的相关工具包。可以访问 http://godashboard.appspot.com/project，了解更多第三方库的详细信息。

5.6 小结

本章介绍了在Go语言开发中网络编程的相关知识。作为一门诞生于网络时代的语言，Go内置丰富的net标准库用于网络编程，且该标准库提供了完整的功能。无论是Socket编程还是处理HTTP请求或响应，甚至开发网站或Web服务器程序，Go都让问题变得更加简单，让我们写少量的代码就能做更多的事情。同时，Go的标准库在各个模块上又保持了充分的灵活性，这让我们在标准库的基础上可以想象和处理的事情更多。

第6章

安全编程

信息数据化和传输网络化对数据和数据传输的安全提出了要求。在这两个环节上，我们需要对数据进行加密，并使用安全的数据传输体系。一般来说，安全编程不是语言层面需要讨论的问题，但是Go是为网络时代设计的语言，对网络的支持也已融入其设计中，因此网络数据安全及其相应的体系就成了必须探讨的话题。

6.1 数据加密

采用单密钥的加密算法，我们称为对称加密。整个系统由如下几部分构成：需要加密的明文、加密算法和密钥。在加密和解密中，使用的密钥只有一个。常见的单密钥加密算法有DES、AES、RC4等。

采用双密钥的加密算法，我们称为非对称加密。整个系统由如下几个部分构成：需要加密的明文、加密算法、私钥和公钥。在该系统中，私钥和公钥都可以被用作加密或者解密，但是用私钥加密的明文，必须要用对应的公钥解密，用公钥加密的明文，必须用对应的私钥解密。常见的双密钥加密算法有RSA等。

在对称加密中，私钥不能暴露，否则在算法公开的情况下，数据等同于明文，而在非对称加密中，公钥是公开的，私钥是保密的。这样任何人都可以把自己的信息通过公钥和算法加密，然后发送给公钥的发布方，只有公钥发布方才能解开密文。

我们看到，在对称加密和非对称加密中，它们有一个共同的特点，即数据可以加密，也可以解密。实际上，我们还有一种加密需求，只需要加密，形成一个密文，而不需要解密，甚至极端地说，要求不可解密。这时候，可以使用哈希算法等。

哈希算法是一种从任意数据中创建固定长度摘要信息的办法。一般我们要求，对于不同的数据，要求产生的摘要信息也是唯一的。常见的哈希算法包括MD5、SHA-1等。

6.2 数字签名

数字签名，是指用于标记数字文件拥有者、创造者、分发者身份的字符串。数字签名拥有标记文件身份、分发的不可抵赖性等作用。

目前，常用的数字签名采用了非对称加密。例如，A公司发布了一个可执行文件，称为

AProduct.exe，A在AProduct.exe中加入了A公司的数字签名。A公司的数字签名是用A公司的私钥加密了AProduct.exe文件的哈希值，我们得到打过数字签名的AProduct.exe后，可以查看数字签名。这个过程实际上是用A公司的公钥解密了文件哈希值，从而可以验证两个问题：AProduct.exe是否由A公司发布，AProduct.exe是否被篡改。

6.3　数字证书

假设，我们登录某银行的网站，这时候网站会提示我们下载数字证书，否则将无法正常使用网银等功能。在我们首次使用U盾的时候，初始化过程即是向U盾中下载数字证书。那么，数字证书中包含什么呢？数字证书中包含了银行的公钥，有了公钥之后，网银就可以用公钥加密我们提供给银行的信息，这样只有银行才能用对应的私钥得到我们的信息，确保安全。

6.4　PKI 体系

PKI，全称公钥基础设施，是使用非对称加密理论，提供数字签名、加密、数字证书等服务的体系，一般包括权威认证机构（CA）、数字证书库、密钥备份及恢复系统、证书作废系统、应用接口（API）等。

围绕PKI体系，建立了一些权威的、公益的机构。它们提供数字证书库、密钥备份及恢复系统、证书作废系统、应用接口等具体的服务。比如，企业的数字证书，需要向认证机构申请，以确保数字证书的安全。

6.5　Go 语言的哈希函数

Go提供了MD5、SHA-1等几种哈希函数，下面我们用例子做一个介绍，如代码清单6-1所示。

代码清单6-1　hash1.go

```go
package main
import(
    "fmt"
    "crypto/sha1"
    "crypto/md5"
)

func main(){
    TestString:="Hi,pandaman!"

    Md5Inst:=md5.New()
    Md5Inst.Write([]byte(TestString))
    Result:=Md5Inst.Sum([]byte(""))
    fmt.Printf("%x\n\n",Result)

    Sha1Inst:=sha1.New()
```

```
Sha1Inst.Write([]byte(TestString))
Result=Sha1Inst.Sum([]byte(""))
fmt.Printf("%x\n\n",Result)
}
```

这个程序的执行结果为：

```
$ go run hash1.go
b08dad36bde5f406bdcfb32bfcadbb6b

00aa75c24404f4c81583b99b50534879adc3985d
```

再举一个例子，对文件内容计算SHA1，具体代码如代码清单6-2所示。

代码清单6-2   hash-2.go

```
package main

import (
    "io"
    "fmt"
    "os"
    "crypto/md5"
    "crypto/sha1"
)

func main() {
    TestFile := "123.txt"
    infile, inerr := os.Open(TestFile)
    if inerr == nil {
        md5h := md5.New()
        io.Copy(md5h, infile)
        fmt.Printf("%x  %s\n",md5h.Sum([]byte("")), TestFile)

        sha1h := sha1.New()
        io.Copy(sha1h, infile)
        fmt.Printf("%x  %s\n",sha1h.Sum([]byte("")), TestFile)
    } else {
        fmt.Println(inerr)
        os.Exit(1)
    }
}
```

6.6   加密通信

一般的HTTPS是基于SSL（Secure Sockets Layer）协议。SSL是网景公司开发的位于TCP与HTTP之间的透明安全协议，通过SSL，可以把HTTP包数据以非对称加密的形式往返于浏览器和站点之间，从而避免被第三方非法获取。

目前，伴随着电子商务的兴起，HTTPS获得了广泛的应用。由IETF（Internet Engineering Task Force）实现的TLS（Transport Layer Security）是建立于SSL v3.0之上的兼容协议，它们主要的区

别在于所支持的加密算法。

6.6.1 加密通信流程

当用户在浏览器中输入一个以https开头的网址时,便开启了浏览器与被访问站点之间的加密通信。下面我们以一个用户访问https://qbox.me为例,给读者展现一下SSL/TLS的工作方式。

(1) 在浏览器中输入HTTPS协议的网址,如图6-1所示。

图 6-1

(2) 服务器向浏览器返回证书,浏览器检查该证书的合法性,如图6-2所示。

(3) 验证合法性,如图6-3所示。

图 6-2   图 6-3

(4) 浏览器使用证书中的公钥加密一个随机对称密钥,并将加密后的密钥和使用密钥加密后的请求URL一起发送到服务器。

(5) 服务器用私钥解密随机对称密钥,并用获取的密钥解密加密的请求URL。

(6) 服务器把用户请求的网页用密钥加密,并返回给用户。

(7) 用户浏览器用密钥解密服务器发来的网页数据,并将其显示出来。

上述过程都是依赖于SSL/TLS层实现的。在实际开发中,SSL/TLS的实现和工作原理比较复杂,但基本流程与上面的过程一致。

SSL协议由两层组成，上层协议包括SSL握手协议、更改密码规格协议、警报协议，下层协议包括SSL记录协议。

SSL握手协议建立在SSL记录协议之上，在实际的数据传输开始前，用于在客户与服务器之间进行"握手"。"握手"是一个协商过程。这个协议使得客户和服务器能够互相鉴别身份，协商加密算法。在任何数据传输之前，必须先进行"握手"。

在"握手"完成之后，才能进行SSL记录协议，它的主要功能是为高层协议提供数据封装、压缩、添加MAC、加密等支持。

6.6.2　支持 HTTPS 的 Web 服务器

Go语言目前实现了TLS协议的部分功能，已经可以提供最基础的安全层服务。下面我们来看一下如何实现支持TLS的Web服务器。代码清单6-3示范了如何使用`http.ListenAndServerTLS`实现一个支持HTTPS的Web服务器。

代码清单6-3　https.go

```go
package main

import (
    "fmt"
    "net/http"
)

const SERVER_PORT = 8080
const SERVER_DOMAIN = "localhost"
const RESPONSE_TEMPLATE = "hello"

func rootHandler(w http.ResponseWriter, req *http.Request) {
    w.Header().Set("Content-Type", "text/html")
    w.Header().Set("Content-Length", fmt.Sprint(len(RESPONSE_TEMPLATE)))
    w.Write([]byte(RESPONSE_TEMPLATE))
}

func main() {
    http.HandleFunc(fmt.Sprintf("%s:%d/", SERVER_DOMAIN, SERVER_PORT), rootHandler)
    http.ListenAndServeTLS(fmt.Sprintf(":%d", SERVER_PORT), "rui.crt", "rui.key", nil)
}
```

运行该服务器后，我们可以在浏览器中访问localhost:8080并查看访问效果，如图6-4所示。

可以看到，我们使用了`http.ListenAndServerTLS()`这个方法，这表明它是执行在TLS层上的HTTP协议。如果我们并不需要支持HTTPS，只需要把该方法替换为`http.ListenAndServeTLS` `(fmt.Sprintf(":%d", SERVER_PORT), nil)`即可。

代码清单6-4示范了如何实现基于TCP和TLS的Web服务器。这个程序的执行效果与上一个例子相同。可以认为它是一种更深入的原理性说明，揭示了基于TLS的HTTPS的实现细节。

图 6-4

代码清单6-4 https2.go

```go
package main

import (
    "net"
    "net/http"
    "time"
    "fmt"
    "crypto/x509"
    "crypto/rand"
    "crypto/rsa"
    "crypto/tls"
    "encoding/pem"
    "errors"
    "io/ioutil"
)

const SERVER_PORT = 8080
const SERVER_DOMAIN = "localhost"
const RESPONSE_TEMPLATE = "hello"

func rootHandler(w http.ResponseWriter, req *http.Request){
    w.Header().Set("Content-Type", "text/html")
    w.Header().Set("Content-Length", fmt.Sprint(len(RESPONSE_TEMPLATE)))
    w.Write([]byte(RESPONSE_TEMPLATE))
}

func YourListenAndServeTLS(addr string, certFile string, keyFile string, handler
    http.Handler) error {
    config := &tls.Config{
        Rand: rand.Reader,
        Time: time.Now,
        NextProtos: []string{"http/1.1"},
```

```go
    }

    var err error
    config.Certificates = make([]tls.Certificate, 1)
    config.Certificates[0], err = YourLoadX509KeyPair(certFile, keyFile)
    if err != nil {
        return err
    }

    conn, err := net.Listen("tcp", addr)
    if err != nil {
        return errs
    }

    tlsListener := tls.NewListener(conn, config)
    return http.Serve(tlsListener, handler)
}

func YourLoadX509KeyPair(certFile string, keyFile string) (cert tls.Certificate, err
    error) {
    certPEMBlock, err := ioutil.ReadFile(certFile)
    if err != nil {
        return
    }

    certDERBlock, restPEMBlock := pem.Decode(certPEMBlock)
    if certDERBlock == nil {
        err = errors.New("crypto/tls: failed to parse certificate PEM data")
        return
    }

    certDERBlockChain, _ := pem.Decode(restPEMBlock)
    if certDERBlockChain == nil {
        cert.Certificate = [][]byte{certDERBlock.Bytes}
    } else {
        cert.Certificate = [][]byte{certDERBlock.Bytes,
        certDERBlockChain.Bytes}
    }

    keyPEMBlock, err := ioutil.ReadFile(keyFile)
    if err != nil {
        return
    }

    keyDERBlock, _ := pem.Decode(keyPEMBlock)
    if keyDERBlock == nil {
    err = errors.New("crypto/tls: failed to parse key PEM data")
        return
    }

    key, err := x509.ParsePKCS1PrivateKey(keyDERBlock.Bytes)
    if err != nil {
```

```
        err = errors.New("crypto/tls: failed to parse key")
        return
    }

    cert.PrivateKey = key

    x509Cert, err := x509.ParseCertificate(certDERBlock.Bytes)
    if err != nil {
        return
    }

    if x509Cert.PublicKeyAlgorithm != x509.RSA ||
        x509Cert.PublicKey.(*rsa.PublicKey).N.Cmp(key.PublicKey.N) != 0 {
        err = errors.New("crypto/tls: private key does not match public key")
        return
    }

    return
}

func main() {
    http.HandleFunc(fmt.Sprintf("%s:%d/", SERVER_DOMAIN, SERVER_PORT), rootHandler);
    YourListenAndServeTLS(fmt.Sprintf(":%d", SERVER_PORT), "rui.crt", "rui.key", nil)
}
```

本例中用到了crypto中的一些包，下面对此做一些解释：rand，伪随机函数发生器，用于产生基于时间和CPU时钟的伪随机数；rsa，非对称加密算法，rsa是三个发明者名字的首字母拼接而成；tls，我们在上面已介绍过，它是传输层安全协议；x509，一种常用的数字证书格式；pem，在非对称加密体系下，一般用于存放公钥和私钥的文件。

只要读者仔细阅读本章一开始的理论描述，就很容易理解本例。

6.6.3　支持 HTTPS 的文件服务器

利用Go语言标准库中提供的完备封装，我们也可以很容易实现一个支持HTTPS的文件服务器，如代码清单6-5所示。

代码清单6-5　httpsfile.go

```
package main

import (
    "net/http"
)

func main(){
    h := http.FileServer(http.Dir("."))
    http.ListenAndServeTLS(":8001", "rui.crt", "rui.key", h)
}
```

运行效果如图6-5所示。

图   6-5

6.6.4   基于 SSL/TLS 的 ECHO 程序

在本章最后，我们用一个完整的安全版ECHO程序来演示如何让Socket通信也支持HTTPS。当然，ECHO程序支持HTTPS似乎没有什么必要，但这个程序可以比较容易地改造成有实际价值的程序，比如安全的聊天工具等。

下面我们首先实现这个超级ECHO程序的服务器端，如代码清单6-6所示。

代码清单6-6   echoserver.go

```go
package main

import (
    "crypto/rand"
    "crypto/tls"
    "io"
    "log"
    "net"
    "time"
)

func main() {

    cert, err := tls.LoadX509KeyPair("rui.crt", "rui.key")
    if err != nil {
        log.Fatalf("server: loadkeys: %s", err)
    }
    config := tls.Config{Certificates:[]tls.Certificate{cert}}
    config.Time = time.Now
    config.Rand = rand.Reader

    service := "127.0.0.1:8000"

    listener, err := tls.Listen("tcp", service, &config)
```

```go
    if err != nil {
        log.Fatalf("server: listen: %s", err)
    }

    log.Print("server: listening")
    for {
        conn, err := listener.Accept()
        if err != nil {
            log.Printf("server: accept: %s", err)
            break
        }
        log.Printf("server: accepted from %s", conn.RemoteAddr())

        go handleClient(conn)
    }
}

func handleClient(conn net.Conn) {
    defer conn.Close()

    buf := make([]byte, 512)
    for {
        log.Print("server: conn: waiting")
        n, err := conn.Read(buf)
        if err != nil {
            if err != io.EOF {
                log.Printf("server: conn: read: %s", err)
            }
            break
        }
        log.Printf("server: conn: echo %q\n", string(buf[:n]))
        n, err = conn.Write(buf[:n])
        log.Printf("server: conn: wrote %d bytes", n)

        if err != nil {
            log.Printf("server: write: %s", err)
            break
        }
    }
    log.Println("server: conn: closed")
}
```

现在服务器端已经实现了。我们再实现超级ECHO的客户端，如代码清单6-7所示。

代码清单6-7 echoclient.go

```go
package main

import (
    "crypto/tls"
    "io"
    "log"
)
```

```
func main() {
    conn, err := tls.Dial("tcp", "127.0.0.1:8000", nil)
    if err != nil {
        log.Fatalf("client: dial: %s", err)
    }
    defer conn.Close()
    log.Println("client: connected to: ", conn.RemoteAddr())

    state := conn.ConnectionState()
    log.Println("client: handshake: ", state.HandshakeComplete)
    log.Println("client: mutual: ", state.NegotiatedProtocolIsMutual)

    message := "Hello\n"
    n, err := io.WriteString(conn, message)
    if err != nil {
        log.Fatalf("client: write: %s", err)
    }
    log.Printf("client: wrote %q (%d bytes)", message, n)

    reply := make([]byte, 256)
    n, err = conn.Read(reply)
    log.Printf("client: read %q (%d bytes)", string(reply[:n]), n)
    log.Print("client: exiting")
}
```

接下来我们分别编译和运行服务器端和客户端程序，可以看到类似以下的运行效果。
服务器端的输出结果为：

```
$ 6.out.exe
2012/04/06 13:48:24 server: listening
2012/04/06 13:50:41 server: accepted from 127.0.0.1:15056
2012/04/06 13:50:41 server: conn: waiting
2012/04/06 13:50:41 server: conn: echo "Hello\n"
2012/04/06 13:50:41 server: conn: wrote 6 bytes
2012/04/06 13:50:41 server: conn: waiting
2012/04/06 13:50:41 server: conn: closed
```

客户端的输出结果为：

```
$ 8.exe
2012/04/06 13:50:41 client: connected to: 127.0.0.1:8000
2012/04/06 13:50:41 client: handshake: true
2012/04/06 13:50:41 client: mutual: true
2012/04/06 13:50:41 client: wrote "Hello\n" (6 bytes)
2012/04/06 13:50:41 client: read "Hello\n" (6 bytes)
2012/04/06 13:50:41 client: exiting
```

需要注意的是，SSL/TLS协议只能运行于TCP之上，不能在UDP上工作，且SSL/TLS位于
TCP与应用层协议之间，因此所有基于TCP的应用层协议都可以透明地使用SSL/TLS为自己提
供安全保障。所谓透明地使用是指既不需要了解细节，也不需要专门处理该层的包，比如封装、
解封等。

6.7 小结

本章概要介绍了网络安全应用领域的相关知识点，以及Go语言对网络安全应用的全面支持，同时还提供了具有一定实用价值的示例，让读者可以更加具体地理解相关的知识，并能基于这些示例快速写出实用的程序。Go语言标准库的网络和加解密等相关的包在设计上都做了一定程度的抽象，以大幅提高易用性，提高开发效率。

因为本书的重点在于介绍Go语言相关知识，所以对于安全相关的知识就不做非常深入的诠释了，只是点到为止。如果读者对安全编程有兴趣，可自行阅读网络安全的图书。

第7章

工程管理

　　一般在介绍语言的书中不会出现工程管理的内容，但只要讲到Go语言，我们就不应该把语法和工程管理区分开。因为Go语言在设计之初就考虑了在语言层面如何更好地解决当前工程管理中的一些常见问题，而自带的Go工具则更是从工程管理的方方面面来考虑，并提供了完善的功能。让学习者在学习语言阶段自然而然地养成了工程的习惯，避免出现学院派和工程派两种明显不同的侧重点。

　　归根到底，Go语言是一门工程语言。

　　本章我们将从以下几个方面介绍Go语言所引入的工程管理思想、工具和规范：

- ❑ 代码风格
- ❑ 文档风格和管理
- ❑ 单元测试与性能测试方法
- ❑ 项目工程结构
- ❑ 跨平台开发
- ❑ 打包分发

　　但在介绍这些知识之前，我们会首先介绍一个名为Go的命令行工具，因为后面很多地方都会频繁提到它和使用它。

7.1　Go命令行工具

　　Go作为一门新语言，除了语言本身的特性在高速发展外，其相关的工具链也在逐步完善。任何一门程序设计语言要能推广开来并投入到生产环境中，高效、易用、有好的开发环境都是必不可少的。

　　Go这个名字在本书内已经被用过两次：第一次当然就是这门语言的名字是Go语言；第二次则是在介绍并发编程的时候，我们隆重介绍了go关键字，因为它实现了Go语言最为核心的goroutine功能，使其真正成为一门适合开发高并发服务的语言。这里我们再提起这个名字，Go又成了一个Go语言包自带的命令行工具的名字。从这个名字我们可以了解到，这个工具在Go语言设计者心目中的重要地位。

　　为了避免产生名字上的困扰，在本章中我们将用Gotool来称呼这个工具。

基本用法

在安装了Go语言的安装包后，就直接自带Gotool。我们可以运行以下命令来查看Gotool的版本，也就是当前你安装的Go语言的版本：

```
$ go version
go version go1
```

Gotool的功能非常强大，我们可以查看一下它的功能说明，具体如下所示：

```
$ go help
Go is a tool for managing Go source code.

Usage:

go command [arguments]

The commands are:

    build       compile packages and dependencies
    clean       remove object files
    doc         run godoc on package sources
    fix         run go tool fix on packages
    fmt         run gofmt on package sources
    get         download and install packages and dependencies
    install     compile and install packages and dependencies
    list        list packages
    run         compile and run Go program
    test        test packages
    tool        run specified go tool
    version     print Go version
    vet         run go tool vet on packages

Use "go help [command]" for more information about a command.

Additional help topics:

    gopath      GOPATH environment variable
    packages    description of package lists
    remote      remote import path syntax
    testflag    description of testing flags
    testfunc    description of testing functions

Use "go help [topic]" for more information about that topic.
```

简而言之，Gotool可以帮你完成以下这几类工作：

❑ 代码格式化

❑ 代码质量分析和修复

❑ 单元测试与性能测试

❑ 工程构建

❑ 代码文档的提取和展示

❑ 依赖包管理

❑ 执行其他的包含指令，比如6g等

我们会在随后的章节中一一展开Gotool的这些用法，你只需要记住这个工具的用法就能够开始专业的开发了。非常简单！

7.2 代码风格

"代码必须是本着写给人阅读的原则来编写，只不过顺便给机器执行而已。"这段话来自《计算机程序设计与解释》，很精练地说明了代码风格的作用。当你阅读一段天津麻花似的代码时，你会深深赞同上述观点。代码风格，是一个与人相关、与机器无关的问题。代码风格的好坏，不影响编译器的工作，但是影响团队协同，影响代码的复用、演进以及缺陷修复。

Go语言很可能是第一个将代码风格强制统一的语言。一些对于其他语言的编译器完全忽视的问题，在Go编译器前就会被认为是编译错误，比如如果花括号新起了一行摆放，你就会看到一个醒目的编译错误。这一点会让很多人觉得不可思议。无论喜欢还是讨厌，与其他那些单单编码规范就能写出一本书的语言相比，毫无疑问Go语言的这种做法简化了问题。

我们接下来介绍Go语言的编码规范，主要分两类，分别：由Go编译器进行强制的编码规范以及由Gotool推行的非强制性编码风格建议。其他的一些编码规范里通常会列出的细节，比如应该用Tab还是用4个空格，这些不在本书的讨论范围之内。

7.2.1 强制性编码规范

我们可以认为，由Go编译器进行强制的编码规范也是Go语言设计者认为最需要统一的代码风格，下面我们来一一诠释。

1. 命名

命名规则涉及变量、常量、全局函数、结构、接口、方法等的命名。Go语言从语法层面进行了以下限定：任何需要对外暴露的名字必须以大写字母开头，不需要对外暴露的则应该以小写字母开头。

软件开发行业最流行的两种命名法分别为骆驼命名法（类似于DoSomething和doSomething）和下划线法（对应为do_something），而Go语言明确宣告了拥护骆驼命名法而排斥下划线法。骆驼命名法在Java和C#中得到官方的支持和推荐，而下划线命名法则主要用在C语言的世界里，比如Linux内核和驱动开发上。在开始Go语言编程时，还是忘记下划线法吧，避免写出不伦不类的名字。

2. 排列

Go语言甚至对代码的排列方式也进行了语法级别的检查，约定了代码块中花括号的明确摆放位置。下面先列出一个错误的写法：

```
// 错误写法
func Foo(a, b int) (ret int, err error)
```

```
{
    if a > b
    {
        ret = a
    }
    else
    {
        ret = b
    }
}
```

这个写法对于众多在微软怀抱里长大的程序员们是最熟悉不过的了，但是在Go语言中会有编译错误：

```
$ go run hello.go
# command-line-arguments
./hello.go:9: syntax error: unexpected semicolon or newline before {
./hello.go:18: non-declaration statement outside function body
./hello.go:19: syntax error: unexpected }
```

通过上面的错误信息就能猜到，是左花括号{的位置出问题了。下面我们将上面的代码调整一下：

```
// 正确写法
func Foo(a, b int) (ret int, err error) {
    if a > b {
        ret = a
    } else {
        ret = b
    }
}
```

可以看到，else甚至都必须紧跟在之前的右花括号}后面并且不能换行。Go语言的这条规则基本上就保证了所有Go代码的逻辑结构写法是完全一致的，也不会再出现有洁癖的程序员在维护别人代码之前非要把所有花括号的位置都调整一遍的问题。

7.2.2 非强制性编码风格建议

Gotool中包含了一个代码格式化的功能，这也是一般语言都无法想象的事情。下面让我们来看看格式化工具的用法：

```
$ go help fmt
usage: go fmt [packages]

Fmt runs the command 'gofmt -l -w' on the packages named
by the import paths.  It prints the names of the files that are modified.

For more about gofmt, see 'godoc gofmt'.
For more about specifying packages, see 'go help packages'.

To run gofmt with specific options, run gofmt itself.
See also: go doc, go fix, go vet.
```

可以看出，用法非常简单。接下来试验一下它的格式化效果。

先看看我故意制造的比较丑陋的代码，具体如代码清单7-1所示。

代码清单7-1   hello1.go

```go
package main
import "fmt"

func Foo(a, b int)(ret int, err error){
if a > b {
return a, nil
    }else{
return b, nil
    }
return 0, nil
}

func
main() { i, _ := Foo(1, 2)
fmt.Println("Hello, 世界", i)}
```

这段代码能够正常编译，也能正常运行，只不过丑陋的让人看不下去。现在我们用Gotool中的格式化功能美化一下（假设上述代码被保存为hello.go）：

```
$ go fmt hello.go
hello.go
```

执行这个命令后，将会更新hello1.go文件，此时再打开hello1.go，看一下旧貌换新颜的代码，如代码清单7-2所示。

代码清单7-2   hello2.go

```go
package main

import "fmt"

func Foo(a, b int) (ret int, err error) {
    if a > b {
        return a, nil
    } else {
        return b, nil
    }
    return 0, nil
}

func main() {
    i, _ := Foo(1, 2)
    fmt.Println("Hello, 世界", i)
}
```

可以看到，格式化工具做了很多事情：

❑ 调整了每条语句的位置

❑ 重新摆放花括号的位置

❑ 以制表符缩进代码

❑ 添加空格

当然，格式化工具不知道怎么帮你改进命名，这就不要苛求了。

这个工具并非只能一次格式化一个文件，比如不带任何参数直接运行go fmt的话，可以直接格式化当前目录下的所有*.go文件，或者也可以指定一个GOPATH中可以找到的包名。

只不过我们并不是非常推荐使用这个工具。毕竟，保持良好的编码风格应该是一开始写代码时就注意到的。第一次就写成符合规范的样子，以后也就不用再考虑如何美化的问题了。

7.3 远程 import 支持

我们知道，如果要在Go语言中调用包，可以采用如下格式：

```
package main

import (
    "fmt"
)
```

其中fmt是我们导入的一个本地包。实际上，Go语言不仅允许我们导入本地包，还支持在语言级别调用远程的包。假如，我们有一个用于计算CRC32的包托管于Github，那么可以这样写：

```
package main

import (
    "fmt"
    "github.com/myteam/exp/crc32"
)
```

然后，在执行go build或者go install之前，只需要加这么一句：

```
go get github.com/myteam/exp/crc32
```

是的，就这么简单。

当我们执行完go get之后，我们会在src目录中看到github.com目录，其中包含myteam/exp/crc32目录。在crc32中，就是该包的所有源代码。也就是说，go工具会自动帮你获取位于远程的包源码，在随后的编译中，也会在pkg目录中生成对应的.a文件。

所有魔术般的工作，其实都是go工具在完成。对于Go语言本身来讲，远程包github.com/myteam/exp/crc32只是一个与fmt无异的本地路径而已。

7.4 工程组织

我们在第1章中已经大致介绍过Go语言中约定的工程管理方式，这里将进一步解释其中的各个细节。

7.4.1 `GOPATH`

`GOPATH`这个环境变量是在讨论工程组织之前必须提到的内容。Gotool的大部分功能其实已经不再针对当前目录，而是针对包名，于是如何才能定位到对应的源代码就落到了`GOPATH`身上。

假设现在本地硬盘上有3个Go代码工程，分别为~/work/go-proj1 、~/work2/goproj2 和~/work3/work4/go-proj3，那么`GOPATH`可以设置为如下内容：

```
export GOPATH=~/work/go-proj1:~/work2/goproj2:~/work3/work4/go-proj3
```

经过这样的设置后，你可以在任意位置对以上的3个工程进行构建。

7.4.2 目录结构

我们可以以第1章中介绍的calcproj工程为例介绍工程管理规范：

```
<calcproj>
    ├──README
    ├──AUTHORS
    ├──<bin>
    │   ├──calc
    ├──<pkg>
    │   └──<linux_amd64>
    │       └──simplemath.a
    ├──<src>
        ├──<calc>
        │   └──calc.go
        ├──<simplemath>
            ├──add.go
            ├──add_test.go
            ├──sqrt.go
            ├──sqrt_test.go
```

Go语言工程不需要任何工程文件，一个比较完整的工程会在根目录处放置这样几个文本文件。

❑ README：简单介绍本项目目标和关键的注意事项，通常第一次使用时应该先阅读本文档。

❑ LICENSE：本工程采用的分发协议，所有开源项目通常都有这个文件。

说明文档并不是工程必需的，但如果有的话可以让使用者更快上手。另外，虽然是文本文件，但现在其实也是可以表达富格式的。比如，使用github.com管理代码的开发者就可以用Markdown语法来写纯文本的文档，这样就可以显示有格式的内容。这不是本书的重点，有兴趣的读者可以查看github.com网站。

一个标准的Go语言工程包含以下几个目录：src、pkg和bin。目录src用于包含所有的源代码，是Gotool一个强制的规则，而pkg和bin则无需手动创建，如果必要Gotool在构建过程中会自动创建这些目录。

构建过程中Gotool对包结构的理解完全依赖于src下面的目录结构，比如对于上面的例子，Gotool会认为src下包含了两个包：calc和simplemath，而且这两个包的路径都是一级的，即simplemath下的*.go文件将会被构建为一个名为simplemath.a的包。假如你希望这个包的路径带有一个命名空间，比如在使用时希望以这样的方式导入：

```
import "myns/simplemath"
```

那么我们就需要将目录结构调整为如下格式：

```
<calcproj>
├──README
├──...
└──<src>
    └──<myns>
        └──<simplemath>
            ├──add.go
            ├──add_test.go
            ├──sqrt.go
            ├──sqrt_test.go
```

就是在src下多了一级simplemath的父目录myns。这样Gotool就能知道该怎么管理编译后的包了，工程构建后对应的simplemath包的位置将会是pkg/linux_amd64/myns/simplemath.a。规则非常简单易懂，重要的是彻底摆脱了Makefile等专门为构建而写的工程文件，避免了随时同步工程文件和代码的工作量。

我们还看到pkg目录下有一个自动创建的linux_amd64目录，相关规则我们在介绍跨平台开发时会详细介绍。

7.5　文档管理

程序，包括代码和文档。而软件产品，更是包括了：源代码（可选）、可执行程序、文档和服务。我们可以很容易看出，在一个软件交付的过程中，程序只是其中的一个基本环节，更多的工作是告诉用户如何部署、使用和维护软件，此时文档将起到关键性的作用。

对于程序员来说，我们所谓的文档，更多的是指代码中的注释、函数、接口的输入、输出、功能和参数说明，这些对于后续的维护和复用有着至关重要的作用。

在传统开发中，同步设计文档和代码是一件非常困难的事情。一旦开始有一些细微的不一致，之后这个鸿沟将越来越大，并最终导致文档完全废弃。Javadoc工具的出现开始逐步缓解文档和代码一致性的难题。Javadoc工具可以直接将注释提取并生成HTML格式的文档。

Javadoc对应的代码规范略偏复杂，使用者不得不去记忆一些标记的用法，就像用另一种语法再写另一段程序。相比之下，Go语言引入的规范则做得比较彻底，让开发者完全甩掉注释语法的包袱，专注于内容。

仍然是拿上面介绍代码格式化的这个例子作为我们体验Go语言文档生成工具的对象。当然，我们得先添加一些注释：

```
// Copyright 2011 The Go Authors. All rights reserved.
// Use of this source code is governed by a BSD-style
// license that can be found in the LICENSE file.

/*
Package foo implements a set of simple mathematical functions. These comments are for
demonstration purpose only. Nothing more.

If you have any questions, please don't hesitate to add yourself to
golang-nuts@googlegroups.com.

You can also visit golang.org for full Go documentation.
*/
package foo

import "fmt"

// Foo compares the two input values and returns the larger
// value. If the two values are equal, returns 0.
func Foo(a, b int) (ret int, err error) {
    if a > b {
        return a, nil
    } else {
        return b, nil
    }
    return 0, nil
}

// BUG(jack): #1: I'm sorry but this code has an issue to be solved.

// BUG(tom): #2: An issue assigned to another person.
```

在这段代码里，我们添加了4条注释：版权说明注释、包说明注释、函数说明注释和最后添加的遗留问题说明。现在我们来提取注释并展示文档，具体代码如下：

```
$ go doc foo
PACKAGE

package foo
import "src/foo"

    Package foo implements a set of simple mathematical functions. These
    comments are for demonstration purpose only. Nothing more.

    If you have any questions, please don't hesitate to add yourself to
    golang-nuts@googlegroups.com.

    You can also visit golang.org for full Go documentation.

FUNCTIONS

func Foo(a, b int) (ret int, err error)
    Foo compares the two input values and returns the larger value. If the
    two values are equal, returns 0.
```

```
BUGS

    #1: I'm sorry but this code has an issue to be solved.

    #2: An issue assigned to another person.
```

我们演示go doc命令提取包中的注释内容，并将其格式化输出到终端窗口中。因为我们的工程目录已经加入到GOPATH变量中，所以这个命令也可以在任意位置运行。

虽然这个输出结果比较清晰，但考虑到有时候包里面的注释量非常大，所以更合适的查看方式是在浏览器窗口中，并且最好有交互功能。要达成这样的效果也非常简单，只需修改命令行为，如下：

```
godoc -http=:76 -path="."
```

然后再访问http://localhost:76/，单击顶部的foo链接，或者直接访问http://localhost:76/pkg/foo/，就可以看到注释提取的效果，如图7-1所示。

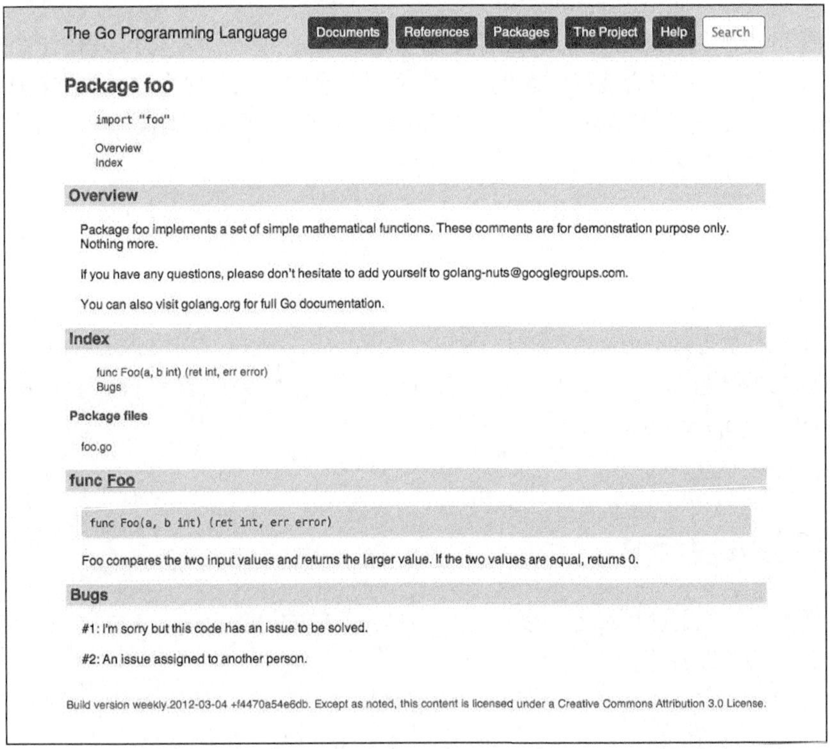

图　7-1

若要将注释提取为文档，要遵守如下的基本规则。

❑ 注释需要紧贴在对应的包声明和函数之前，不能有空行。

- 注释如果要新起一个段落，应该用一个空白注释行隔开，因为直接换行书写会被认为是正常的段内折行。
- 开发者可以直接在代码内用 // BUG(author): 的方式记录该代码片段中的遗留问题，这些遗留问题也会被抽取到文档中。

Go 语言是为开源项目而生的。从文档中可以看出，自动生成的文档包含源文件的跳转链接，通过它可以直接跳转到一个 Go 源文件甚至是一个特定的函数实现。如果开发者在看文档时觉得有障碍，可以直接跳过去看代码，反正用 Go 语言写的代码通常都非常简洁、易懂，这样可以更有效地理解代码。

7.6　工程构建

在正确设置 GOPATH 环境变量并按规范组织好源代码后，现在我们开始构建工程。当然，用的还是 Gotool。我们可以使用 go build 命令来执行构建，它会在你运行该命令的目录中生成工程的目标二进制文件，而不产生其他结果。

因为我们的工程路径已经被加入到了全局变量 GOPATH 中，所以你可以在任意位置执行 go build 命令，而不必关心是否能找到源代码，但需要注意的是，在你构建可执行程序工程时，会在你所在的目录中生成可执行程序。如果你不希望 calc 到处都是，就选择一个你期望的目录，比如 calcproj 目录下的 bin 目录。

```
$ go build calc
```

下一步是将构建成功的包安装到恰当的位置，具体指令如下：

```
$ go install calc
```

如果之前没有执行过 go build 命令，则 go install 会先执行构建，之后将构建出来的 calc 可执行文件放到 bin 目录下。如果目标工程是一个包，则会放置到 pkg 目录中对应的位置 pkg/linux_amd64/simplemath.a：

```
$ go install simplemath
```

7.7　跨平台开发

跨平台泛指同一段程序可在不同硬件架构和操作系统的设备上运行，这些设备包括服务器、个人电脑和各种移动设备等。

个人电脑和服务器通常为 80×86 架构，而移动设备则以 ARM 架构为主。根据 CPU 的寻址能力，CPU 又分为不同的位数，比如 8 位、16 位、32 位、64 位等。位数越高，寻址能力就越强。

程序的执行过程其实就是操作系统读取可执行文件的内容，依次调用相应 CPU 指令的过程。不同的操作系统所支持的可执行文件格式也各不相同，比如 Windows 支持 PE 格式，Linux 支持 ELF。因此，Windows 上的可执行文件无法直接在 Linux 上运行。

正因为有了以上这些区别，我们才有了跨平台开发这个话题。

7.7.1 交叉编译

有读者会奇怪，之前生成的simplemath.a为什么要放到linux_amd64目录下。很简单，这是根据你的Go编译器决定的。如果你当前的编译目标为AMD64架构的64位Linux，那么Go包对应的安装位置是linux_amd64。推导之，如果当前的编译目标为x86架构的32位Windows，对应的安装位置就是windows_386。

鉴于Google对Linux的偏爱，目前Go语言对Linux平台的支持最佳。Mac OS X因为底层也是*nix架构，因此运行Go也没有明显障碍。但Go语言对于Windows平台的支持就比较欠缺了，需要通过MinGW间接支持，自然性能不会很好，且开发过程中会时常遇到一些奇怪的问题。

目前而言，Go对64位的x86处理器架构的支持最为成熟（即AMD64），已经可以支持32位的x86和ARM架构，暂时还不支持MIPS。此外，Go编译器支持交叉编译。如果我们要在一台安装了64位Linux操作系统的AMD64电脑上执行一段Go代码，就必须用能够生成64位ELF文件格式的Go编译器进行编译和链接。

Go当前的交叉编译能力如下所示：

❑ 在Linux下，可以生成以下目标格式：x86 ELF、AMD64 ELF、ARM ELF、x86 PE和AMD64 PE。

❑ 在Windows下，可以生成以下目标格式：x86 PE和AMD64 PE。

我们可以通过设置GOOS和GOARCH两个环境变量来指定交叉编译的目标格式。表7-1为当前的支持情况说明，其中darwin对应于Mac OS X。

表 7-1

$GOOS	$GOARCH	说　　明
darwin	386	Mac OS X
darwin	amd64	Mac OS X
freebsd	386	
freebsd	amd64	
linux	386	
linux	amd64	
linux	arm	尚未完全支持
windows	386	
windows	amd64	尚未完全支持

下面给出在Linux平台下构建Windows 32位PE文件的详细步骤。

(1) 获取Go源代码。

(2) 构建本机编译器环境，具体代码如下：

```
$ cd $GOROOT/src
$ ./make.bash
```

(3) 构建跨平台的编译器和链接器，具体代码如下：

```
$ cat ~/bin/buildcmd
#!/bin/sh
set -e
for arch in 8 6; do
    for cmd in a c g l; do
        go tool dist install -v cmd/$arch$cmd
    done
done
exit 0
```

(4) 构建Windows版本的标准命令工具和库，如下：

```
$ cat ~/bin/buildpkg
#!/bin/sh
if [ -z "$1" ]; then
    echo 'GOOS is not specified' 1>&2
    exit 2
else
    export GOOS=$1
    if [ "$GOOS" = "windows" ]; then
        export CGO_ENABLED=0
    fi
fi
shift
if [ -n "$1" ]; then
    export GOARCH=$1
fi
cd $GOROOT/src
go tool dist install -v pkg/runtime
go install -v -a std
```

然后执行下面这段脚本以准备好Windows交叉编译的环境：

```
$ ~/bin/buildpkg windows 386
```

(5) 在Linux上生成Windows x86的PE文件，具体代码如下：

```
$ cat hello.go
package main

import "fmt"

func main() {
    fmt.Printf("Hello\n")
}
$ GOOS=windows GOARCH=386 go build -o hello.exe hello.go
```

对于跨平台部署来说，经常会用到交叉编译，因此不用觉得这种功能是多此一举。

7.7.2　Android 支持

Android手机一般使用ARM的CPU，并且由于Android使用了Linux内核，属于符合Go语言当前完整支持的架构，因此在Android手机上可以运行Go程序。

如果我们要在Android上执行Go程序，首先要定制出能够生成对应目标二进制文件的Go工具链。在编译Go源代码之前，我们可以作如下设置：

```
$ export GOARCH=ARM
$ export GOOS=linux
$ ./all.bash
```

一切顺利的话，会生成5g和5l，其中5g是编译器，5l是链接器。假设我们生成的目标二进制文件是5.out，接下来我们使用adb调试器将5.out导入Android虚拟机或者真机中，具体代码如下：

```
adb push 5.out /data/local/tmp/
adb shell
cd /data/local/tmp
./5.out
```

此时就可以看到执行结果了。鉴于Android开发不在本书的讨论范围，因此这里不做更进一步的解释，有兴趣的人可以参考相关资料。Android和Go都是Google推出的产品，相信两者之间的配合会越来越默契。

7.8 单元测试

Go本身提供了一套轻量级的测试框架。符合规则的测试代码会在运行测试时被自动识别并执行。单元测试源文件的命名规则如下：在需要测试的包下面创建以"_test"结尾的go文件，形如[^.]*_test.go。

Go的单元测试函数分为两类：功能测试函数和性能测试函数，分别为以Test和Benchmark为函数名前缀并以*testing.T为单一参数的函数。下面是测试函数声明的例子：

```
func TestAdd1(t *testing.T)
func BenchmarkAdd1(t *testing.T)
```

测试工具会根据函数中的实际执行动作得到不同的测试结果。功能测试函数会根据测试代码执行过程中是否发生错误来返回不同的结果，而性能测试函数仅仅打印整个测试过程的花费时间。

我们在第1章中已经示范过功能测试的写法，现在关键是了解一下testing.T中包含的一系列函数。比如本例中我们使用t.Errorf()函数打印了一句错误信息后中止测试。虽然testing.T包含很多其他函数，但其实用t.Errorf()我们也能覆盖大部分的测试代码编写场景了：

```
func TestAdd1(t *testing.T) {
    r := Add(1, 2)
    if r != 2 { // 这里本该是3, 故意改成2测试错误场景
        t.Errorf("Add(1, 2) failed. Got %d, expected 3.", r)
    }
}
```

执行功能单元测试非常简单，直接执行go test命令即可。下面的代码用于对整个

simplemath包进行单元测试：

```
$ go test simplemath
PASS
oksimplemath0.013s
```

接下来我们介绍性能测试。先看一个例子：

```
func BenchmarkAdd1(b *testing.B) {
    for i := 0; i < b.N; i++ {
        Add(1, 2)
    }
}
```

可以看出，性能测试与功能测试代码相比，最大的区别在于代码里的这个for循环，循环b.N次。写这个for循环的原因是为了能够让测试运行足够长的时间便于进行平均运行时间的计算。如果测试代码中一些准备工作的时间太长，我们也可以这样处理以明确排除这些准备工作所花费时间对于性能测试的时间影响：

```
func BenchmarkAdd1(b *testing.B) {
    b.StopTimer()     // 暂停计时器
    DoPreparation()   // 一个耗时较长的准备工作，比如读文件
    b.StartTimer()    // 开启计时器，之前的准备时间未计入总花费时间内

    for i := 0; i < b.N; i++ {
        Add(1, 2)
    }
}
```

性能单元测试的执行与功能测试一样简单，只不过调用时需要增加-test.bench参数而已，具体代码如下所示：

```
$ go test -test.bench add.go
PASS
oksimplemath0.013s
```

7.9　打包分发

就目前而言，以二进制方式分发Go包并不是很现实。由于Go语言对于兼容性控制的非常严格，任何一个版本号的不同都将导致无法链接包。因此，如果你使用Go语言开发了一个库，那么最合适的库分发方式是直接打包源代码包并进行分发，由使用者自行编译。

当然，可执行文件没有这个问题。因此如果要避免这个包链接的问题，可以考虑如何将核心功能以二进制的服务器程序形式提供，并辅以开源的客户端SDK。

7.10　小结

本章介绍了在Go语言开发中工程管理的相关知识。我们一直围绕着Gotool介绍相关的功能，也说明了只靠一个Gotool就可以完成在其他语言中通常必须配合众多工具甚至需要购买和安装

很多第三方工具才能做到或者仍然不能做到的事情。Gotool是对一系列工具的整合，它简化了程序员手工操作的流程，节省了时间，也提高了工具链的效率。我们可以认为Gotool就是一个命令行形式的GolangIDE。

如果有一个扩展性较好的文本编辑器，搭配上go工具和gdb，再链接上go文档，那么整套环境就与成熟的IDE极为相似了。如果再整合进Git，就更可以升华为一个协同开发平台。

在下一章中我们会介绍几个备选的Go语言开发工具，读者可以自主选择最适合自己的一个工具。

7

第 8 章

开 发 工 具

Google在推出第一版的Go语言时，并没有为之配备对应的官方集成开发环境（IDE）。将来，Google可能会像为Android开发提供一个基于Eclipse的开发环境一样提供一个Go语言的开发环境，但至少当前Go开发者仍然面临选择一个称手开发工具的问题。

本章我们将分别介绍目前比较主流的用于开发Go程序的工具，希望能够尽可能地帮助广大Go语言爱好者顺利搭建自己的开发环境，享受使用Go语言编程的美好。

8.1 选择开发工具

作为一个理想的开发工具，我们可以设定对其的期望，具体如下：
- 支持语法高亮的文本编辑
- 支持Unicode编码，便于在代码中直接使用非英文字符串
- 支持工程构建
- 直接执行构建结果
- 单元测试
- 支持执行性能测试
- 支持代码调试，包括断点和逐行调试等
- 支持文档提取和展示
- 集成语言文档
- 开源，或者免费
- 最好能够支持代码自动完成（在Visual Studio中称之为IntelliSense）

在本章中，我们将这些期望作为关键参考标准，为大家介绍和推荐一些主流的比较适合用于开发Go程序的开发工具。

在配置以下这些工具之前，我们假设读者都已经在自己的机器上配置好Go编译环境了，并且已经将$GOROOT/bin加到$PATH环境变量中。看环境变量是否设置成功，可以通过在任意其他目录运行go来确认。如果是命令行参数提示，说明Go编译环境已经配置完成，环境变量也已经起作用。

8.2 gedit

如果你在 Linux 下习惯用gedit，那么可以照此来配置一个"goedit"。gedit是绝大部分Linux发行版自带且默认的文本编辑工具（比如Ubuntu上直接被称为Text Editor），因此，绝大多数情况下，只要你在使用Linux，就已经在使用gedit了，不需要单独安装。

接下来我们介绍如何将gedit设置为一个基本的Go语言开发环境。

8.2.1 语法高亮

一般支持自定义语法高亮的文本编辑器都是通过一个语法定义文件来设定语法高亮规则的，gedit也是如此。Go语言社区有人贡献了可用于gedit的Go语言语法高亮文件，我们可以通过以下链接下载：

http://go-lang.cat-v.org/text-editors/gedit/go.lang

下载后，该文件应该放置到目录/usr/share/gtksourceview-2.0/language-specs下。不过如果你用的是Ubuntu比较新的版本，比如v11.01，那么你可能会发现gedit默认已经支持Go语言的语法高亮。读者可以在gedit中查看"View" → "Highlight Mode" → "Sources"菜单项里是否包含名为"Go"的菜单项。

8.2.2 编译环境

在配置构建相关命令之前，我们需要确认gedit是否已经安装了名为External Tools的插件。单击"View" → "Preference"菜单项，弹出选项对话框，该对话框的最后一个选项页就是Plugins。插件的安装比较简单，只要在插件列表中找到External Tools并确认该项已经被勾选即可。

接下来我们配置几个常用的工程构建命令：

❑ 构建当前工程（`Go Build`）
❑ 编译当前打开的Go文件（`Go Compile`）
❑ 运行单元测试（`Go Test`）
❑ 安装（`Go Install`）

要添加命令，可以单击"Tools" → "Manage External Tools..."菜单项，打开管理对话框，然后在该对话框中添加即可。

我们需要添加的命令主要如表8-1所示。

8

表 8-1

命 令	名 称	脚本内容	保 存	输 入

构建	Build	`#!/bin/bash`
		`echo "Building..."`
		`cd $GEDIT_CURRENT_DOCUMENT_DIR`
		`go build -v`
			所有文档	无

（续）

命　　令	名　　称	脚本内容	保　　存	输　　入

运行	Run	`#!/bin/bash`
		`echo "Running..."`
		`cd $GEDIT_CURRENT_DOCUMENT_DIR`
		`go run $1`
			当前文档	当前文档

测试	Test	`#!/bin/bash`
		`echo "Testing ..."`
		`cd $GEDIT_CURRENT_DOCUMENT_DIR`
		`go test`
			所有文档	无

安装	Install	`#!/bin/bash`
		`echo "Installing..."`
		`cd $GEDIT_CURRENT_DOCUMENT_DIR`
		`go install`
			所有文档	无

可以很容易看出来，每个命令的内容其实就是一个shell脚本，读者可以根据自己的需求进行位意的修改和扩展。

添加完命令后，读者可以在"Tool"→"External Tools"菜单中看到刚刚添加的所有命令。每次单击菜单项来做构建也不是非常方便，因此建议在添加命令时顺便设置一下快捷方式。

8.3　Vim

Go语言安装包中已经包含了对Vim的环境支持。要将Vim配置为适合作为Go语言的开发环境，我们只需要按$GOROOT/misc/vim中的说明文档做以下设置即可。

创建一个shell脚本govim.sh，该脚本的内容如下：

```
mkdir -p $HOME/.vim/ftdetect
mkdir -p $HOME/.vim/syntax
mkdir -p $HOME/.vim/autoload/go
ln -s $GOROOT/misc/vim/ftdetect/gofiletype.vim $HOME/.vim/ftdetect/
ln -s $GOROOT/misc/vim/syntax/go.vim $HOME/.vim/syntax
ln -s $GOROOT/misc/vim/autoload/go/complete.vim $HOME/.vim/autoload/go
echo "syntax on" >> $HOME/.vimrc
```

在执行该脚本之前，先确认GOROOT环境变量是否正确设置并已经起作用，具体代码如下：

```
$ echo $GOROOT
/usr/local/go
```

如果上面这个命令的输出为空，则表示GOROOT尚未正确设置，请保证GOROOT环境变量正确设置后再执行上面的govim.sh脚本。

现在可以执行这个脚本了，该脚本只需要执行一次。执行成功的话，在$HOME目录下将会创建一个.vim目录。之后再用Vim打开一个go文件，读者应该就可以看到针对Go语言的语法高亮效果了。

Vim还可以配合gocode支持输入提示功能。接下来我们简单地配置一下。

首先获取gocode：

```
$ go get -u github.com/nsf/gocode
```

这个命令会下载gocode相应内容到Go的安装目录去（比如/usr/local/go），因此需要保证有目录的写权限。然后开始配置gocode：

```
$ cd /usr/local/go/src/pkg/github.com/nsf/gocode/
$ cd vim
$ ./update.bash
```

配置就是这么简单。现在使用以下Vim的语法提示效果。用Vim创建一个新的Go文件（比如命名为auto.go），输入以下内容：

```
package main
import "fmt"
func main() {
    fmt.Print
```

请将光标停在`fmt.Print`后面，然后按组合键Ctrl+X+O（三个键同时按住后放开），你会看到`fmt`包里的所有3个以`Print`开头的全局函数都被列了出来：`Print`、`Printf`和`Println`。之后就可以用上下方向键选取，按回车键即可完成输入，非常方便。

gocode其实是一个独立地提供输入提示的服务器程序，并非专为Vim打造。比如Emacs也可以很容易地添加基于gocode的Go语言输入提示功能。大家可以查看gocode的Github主页上的提示。

8.4 Eclipse

Eclipse 是一个成熟的IDE平台，目前已经可以支持大部分流行的语言，包括 Java、C++等。Goclipse是Eclipse的插件，用于支持Golang。从整体上看，安装Goclipse插件的Eclipse是目前最优秀的Go语言开发环境，可以实现语法高亮、成员联想、断点调试，基本上满足了所有的需求。

接下来我们来一步步配置Eclipse，将其配置为适合Go语言开发的环境。

(1) 安装JDK 1.6及以上版本。在目前流行的Linux发行版中，都会预装OpenJDK，虽然功能与Oracle的官方JDK 基本一致，但是建议先删除OpenJDK，具体操作方法如下（此操作在安装官方JDK之前进行）：

```
rpm -qa | grep java
rpm -e --nodeps java-1.6.0-openjdk-1.6.0.0-1.7.b09.el5
```

在Windows平台上，不需要此步骤。只简单地安装官方JDK即可。

(2) 安装Eclipse 3.6及以上版本。无论是在Linux还是Windows平台上，一般只需要解压到一个指定的位置即可，不需要特别的配置。

(3) 安装Go编译器，并配置好`GOROOT`、`GOBIN`等环境变量。

(4)打开Eclipse，通过如图8-1所示的 "Install New Software" 菜单，打开安装软件对话框。

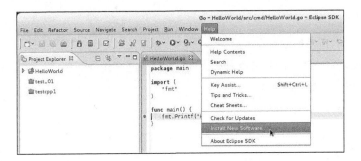

图　8-1

说明　因为Eclipse版本的不同，"Install New Software"的位置可能不一样，名字可能也略有差异，但是功能没有区别。

（5）如图8-2所示，在打开的安装软件对话框的"Work with"文本框中，输入以下URL：https://goclipse.googlecode.com/svn/trunk/goclipse-update-site/，并按回车。

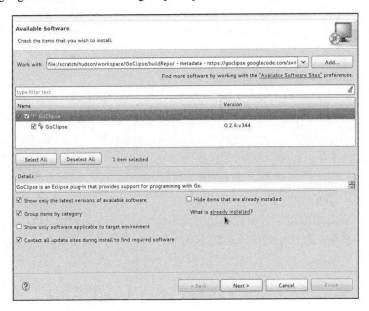

图　8-2

（6）根据Eclipse的提示，不断单击"Next"按钮即可。此过程需要一定时间的等待，如果中途出错，可以多次重试，直到成功为止。

在整个过程中，会因为网络不稳定（网络速度慢、同时开启下载软件、所需URL被防火墙阻止等因素）或者操作系统版本的缘故，下载缓慢或者失败，只要重复上述步骤即可。

(7) 重启Eclipse，并通过菜单项"Window"→"Preferences"→"Go"打开Go语言的配置选项框，配置Go编译器的路径和GDB的路径。

配置完成后，我们来看看执行效果，编辑状态的界面如图8-3所示。

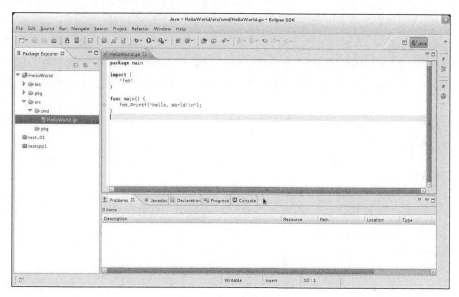

图 8-3

调试界面如图8-4所示。

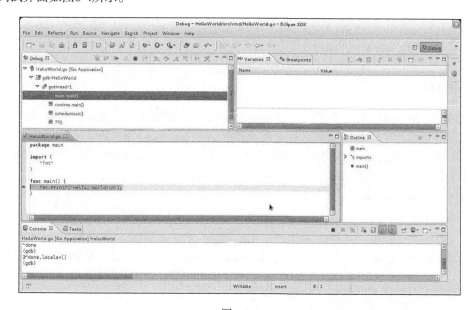

图 8-4

因为Go编译器生成的调试信息为DWARFv3格式，因此需要确认所安装的GDB版本必须高于V7.1。

8.5 Notepad++

Notepad++是Windows平台上最受欢迎的第三方文本编辑工具之一。相比另一名头更响的工具UltraEdit，Notepad++的最大优势在于免费。我们可以将Notepad++简单配置一下，使其支持Go语言的语法高亮，并让开发者尽可能在不离开Notepad++的情况下即可进行开发Go语言程序的所需动作。

我们可以先从Notepad++的官方网站（http://notepad-plus-plus.org/）下载该工具并安装，之后按下面的步骤配置。

8.5.1 语法高亮

在Go语言的安装目录下，已经自带了针对Notepad++的语法高亮配置文件。我们可以在/usr/local/go/misc/notepadplus目录下找到这些配置文件。只需按照对应的README文档进行以下几个步骤的操作。

(1) 将userDefineLang.xml的内容合并到Notepad++配置目录下的userDefineLang.xml文件。如果安装目录下不存在这个文件，则直接复制该文件即可。Notepad++的配置目录通常位于%HOME%\AppData\Roaming\Notepad++。

(2) 将go.xml复制到安装目录的plugins\APIs目录下。

(3) 重新启动Notepad++。

%HOME% 是指你的 HOME 目录，如果不知道你自己的 HOME 目录在哪里，在命令行中执行`echo %HOME%` 即可看到。

8.5.2 编译环境

我们推荐Notepad++用户再安装另外两个Notepad++的插件——NppExec和Explorer，其中NppExec用于支持自定义命令，而Explorer则可以避免在Notepad++和资源管理器之间频繁切换，在Notepad++中即可完成目录结构和文件的操作。Notepad++的插件安装非常简单，只需在插件对话框中找到这两个插件并选中即可。

1. 配置NppExec插件

在安装好NppExec插件后，我们可以通过以下几个简单的步骤将NppExec配置为适合用于构建Go程序的环境。

(1)通过菜单Plugins→NppExec进入NppExec的配置对话框，然后勾选"Show Console Dialog"、"No internal messages"、"Save all files on execute"和 "Follow $(CURRENT_DIRECTORY)"这4个选项。

(2) 在Exec对话框中分别键入go build、go clean & go install和go test，并保存为build、install、和test脚本。此时已经可以测试Go工程的`build`是否能够正常进行，以下步骤为可选操作。

(3) 在Advanced Options中添加3条正对以上脚本的命令，分别为：`Build current project`、`Install current project`和`Test current project`。

(4) 通过菜单"`Settings`"→"`Shortcut Mapper`"→"`Plugin Commands`"为这3条命令分配快捷键。我喜欢用F7、F8和F9，不过F7和F8已经被其他功能占用，如果希望使用这两个快捷键，我们需要先清除这些快捷键的默认配置。

(5) 通过"Console Output Filters"对话框的"Highlight"选项卡美化程序运行结果消息。添加以下内容高亮规则。

a) 筛选规则：`*PASS*`；显示格式：蓝色粗体（`*PASS*`为填入到mask框中的内容，蓝色和粗体则通过在Blue中填入0xff和勾选B来完成）。

b) 筛选规则：`%FILE%:%LINE%: *`；显示格式：红色下划线（这一条很有价值，因为可以让你双击消息定位到相应的代码行。可惜还不支持正则表达式，否则就真正强大了）。

c) 筛选规则：`gotest: parse error: %FILE%:%LINE%:*`；显示格式：红色。

d) 筛选规则：`*FAIL*`；显示格式：红色粗体。

2. 配置Explorer插件

通过菜单"Plugins"→"Explorer"→"Explorer"打开目录树窗格，并按自己的喜好配置Explorer的显示选项即可。因为Go语言已经抛弃了专门的工程文件，因此管理工程就是管理目录结构，不再需要复杂的配置工具。Explorer插件就足以满足我们的需求。

8.6 LiteIDE

LiteIDE是国内第一款，也是世界上第一款专门为Go语言开发的集成开发环境（IDE），目前支持Windows、Linux、iOS三个平台。它的安装和使用都很简单方便，是初学者较好的选择，支持语法高亮、集成构建和代码调试。虽然与专业的IDE相比，LiteIDE需要在很多细节上继续打磨，但仍不失为开发Go语言程序的首选之一。

在部署上，只需要下载安装包安装，并配置好环境即可。下载地址为http://code.google.com/p/golangide/downloads/list。安装过程非常简单，因此不再赘述。下面我们来看看运行时的界面截图，如图8-5所示。

最新发布的版本已经融入Go 1的全部新特性，尤其是在工程管理上，与Go工具兼容，可以直接根据`GOPATH`导入工程。同时，也支持关键字自动完成。

x11版在IDE的环境配置上，是基于XML的。例如，你想把代码关键字由粗体变为正常，需要通过"Option"→"LiteEditor"→"ColorStyle Scheme"菜单来打开和编辑default.xml。

原文是：

```xml
<?xml version="1.0" encoding="UTF-8"?>
<style-scheme version="1.0" name="Default">
<!-- Empty scheme, relying entirely on built-in defaults. -->
</style-scheme>
```

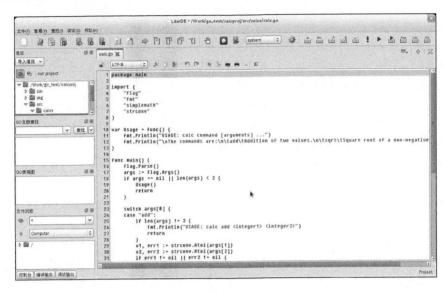

图　8-5

加入关键字定义后，该文件更新为下面的形式：

```xml
<?xml version="1.0" encoding="UTF-8"?>
<style-scheme version="1.0" name="Default">
<!-- Empty scheme, relying entirely on built-in defaults. -->
<style name="Keyword" foreground="#0000cd" bold="false"/>
</style-scheme>
```

保存该文件即可看到效果。

在根据GOPATH完成工程导入之后，GOPATH中的工程会显示在IDE左边的"项目"窗口中。这里有个关键的步骤，那就是我们需要设置"当前选中的工程"，以让IDE环境能够识别需要编译和调试的工程。具体操作方法是双击工程名字或者右击工程目录，然后单击菜单中的"设置当前项目"，如图8-6所示。完成设置后，当前项目会以蓝色字体显示在"工程"对话框的顶部。

图　8-6

由于LiteIDE目前还不支持版本的自动更新功能，使用LiteIDE的开发者需要自行关注它的官方主页以了解最新动态：http://code.google.com/p/golangide/。

8.7 小结

目前，从功能和易用性等方面考虑， Eclipse+GoClipse、LiteIDE这两个环境在所有IDE里面是表现最好的，因为它们都做到了如下几点：

- ❑ 跨平台，完美支持Windows、Linux和Mac；
- ❑ 安装配置便捷，傻瓜化，只需少数几步即可完成；
- ❑ 环境功能相对完整，基本不离开该工具即可完成所有开发工作；
- ❑ 支持可视化调试；
- ❑ 完全免费。

不过萝卜青菜各有所爱。很多开发者就喜欢轻量级的工具，反而对于Eclipse这样单单启动就需要等待比较长时间的工具很不感冒，因此一些扩展性较好的文本编辑工具就很受他们的欢迎，比如Linux上的gedit或者Windows上的Notepad++。经过安装插件和设置扩展命令后，它们使用起来也可以非常接近于IDE的感觉。

这些工具的最大缺点是不支持调试，但是从另一方面说，由于多线程和多进程的引入，可视化调试也不是开发服务器端程序的首选调试手段。相比而言，使用 `fmt.Println` 更加容易和可控。从这个角度讲，那些文本编辑工具的缺陷就不再那么明显。

希望大家都能够找到最适合自己使用的称手开发工具，从而达到事半功倍的效果。

第 *9* 章

进 阶 话 题

本章与之前章节的定位有比较大的不同，我们可以将其认为是一个文章集，几篇文章之间没有关联。这几篇文章都着眼于Go语言一些比较少被用到的知识点，比如反射，或者一些比较深入的原理性剖析，比如goroutine机理。

读者在阅读时可以选择略过本章的任一篇文章，甚至略过整章，这都不会对正常使用Go语言有明显的影响。但根据我们在实际开发中积累的经验，我们相信本章的内容对于读者更加全面和深入地理解Go语言会起到相当好的补充作用。

9.1 反射

反射（reflection）是在Java出现后迅速流行起来的一种概念。通过反射，你可以获取丰富的类型信息，并可以利用这些类型信息做非常灵活的工作。

在Java中，你可以读取配置并根据类型名称创建对应的类型，这是一种常见的编程手法。Java中的很多重要框架和技术（比如Spring/IoC、Hibernate、Struts）等都严重依赖于反射功能。虽然时，使用Java EE时很多人都觉得很麻烦，比如需要配置大量XML格式的配置程序，但这毕竟不是反射的错，反而更加说明了反射所带来的高可配置性。

大多数现代的高级语言都以各种形式支持反射功能，除了一切以性能为上的C++语言。Go语言的反射实现了反射的大部分功能，但没有像Java语言那样内置类型工厂，故而无法做到像Java那样通过类型字符串创建对象实例。

反射是把双刃剑，功能强大但代码可读性并不理想。若非必要，我们并不推荐使用反射，这也是我们把反射放到进阶话题来介绍的原因。

下面我们将介绍反射功能在Go语言中的具体体现以及反射的基本使用方法。

9.1.1 基本概念

Go语言中的反射与其他语言有比较大的不同。首先我们要理解两个基本概念——Type和Value，它们也是Go语言包中reflect空间里最重要的两个类型。我们先看一下下面的定义：

```go
type MyReader struct {
    Name string
```

```
}
func (r MyReader)Read(p []byte) (n int, err error) {
    // 实现自己的Read方法
}
```

因为MyReader类型实现了io.Reader接口的所有方法（其实就是一个Read()函数），所以MyReader实现了接口io.Reader。我们可以按如下方式来进行MyReader的实例化和赋值：

```
var reader io.Reader
reader = &MyReader{"a.txt"}
```

现在我们可以再来解释一下什么是Type，什么是Value。

对所有接口进行反射，都可以得到一个包含Type和Value的信息结构。比如我们对上例的reader进行反射，也将得到一个Type和Value，Type为io.Reader，Value为MyReader{"a.txt"}。顾名思义，Type主要表达的是被反射的这个变量本身的类型信息，而Value则为该变量实例本身的信息。

9.1.2 基本用法

通过使用Type和Value，我们可以对一个类型进行各项灵活的操作。接下来我们分别演示反射的几种最基本用途。

1. 获取类型信息

为了理解反射的功能，我们先来看看代码清单9-1所示的这个小程序。

代码清单9-1 reflect.go

```
package main

import (
    "fmt"
    "reflect"
)

func main() {
    var x float64 = 3.4
    fmt.Println("type:", reflect.TypeOf(x))
}
```

以上代码将输出如下的结果：

```
type: float64
```

Type和Value都包含了大量的方法，其中第一个有用的方法应该是Kind，这个方法返回该类型的具体信息：Uint、Float64等。Value类型还包含了一系列类型方法，比如Int()，用于返回对应的值。查看以下示例：

```
var x float64 = 3.4
v := reflect.ValueOf(x)
fmt.Println("type:", v.Type())
```

```
fmt.Println("kind is float64:", v.Kind() == reflect.Float64)
fmt.Println("value:", v.Float())
```

结果为:

```
type: float64
kind is float64: true
value: 3.4
```

2. 获取值类型

类型Type中有一个成员函数CanSet(),其返回值为bool类型。如果你在注意到这个函数之前就直接设置了值,很有可能会收到一些看起来像异常的错误处理消息。

可能很多人会置疑为什么要有这么个奇怪的函数,可以设置所有的域不是很好吗? 这里先解释一下这个函数存在的原因。

我们在第2章中提到过Go语言中所有的类型都是值类型,即这些变量在传递给函数的时候将发生一次复制。基于这个原则,我们再次看一下下面的语句:

```
var x float64 = 3.4
v := reflect.ValueOf(x)
v.Set(4.1)
```

最后一条语句试图修改v的内容。是否可以成功地将x的值改为4.1呢? 先要理清v和x的关系。在调用ValueOf()的地方,需要注意到x将会产生一个副本,因此ValueOf()内部对x的操作其实都是对着x的一个副本。假如v允许调用Set(),那么我们也可以想象出,被修改的将是这个x的副本,而不是x本身。如果允许这样的行为,那么执行结果将会非常困惑。调用明明成功了,为什么x的值还是原来的呢? 为了解决这个问题Go语言,引入了可设属性这个概念(Settability)。如果CanSet()返回false,表示你不应该调用Set()和SetXxx()方法,否则会收到这样的错误:

```
panic: reflect.Value.SetFloat using unaddressable value
```

现在我们知道,有些场景下不能使用反射修改值,那么到底什么情况下可以修改的呢? 其实这还是跟传值的道理类似。我们知道,直接传递一个float到函数时,函数不能对外部的这个float变量有任何影响,要想有影响的话,可以传入该float变量的指针。下面的示例小幅修改了之前的例子,成功地用反射的方式修改了变量x的值:

```
var x float64 = 3.4
p := reflect.ValueOf(&x) // 注意: 得到X的地址
fmt.Println("type of p:", p.Type())
fmt.Println("settability of p:" , p.CanSet())

v := p.Elem()
fmt.Println("settability of v:" , v.CanSet())

v.SetFloat(7.1)
fmt.Println(v.Interface())
fmt.Println(x)
```

9.1.3 对结构的反射操作

之前讨论的都是简单类型的反射操作，现在我们讨论一下结构的反射操作。下面的示例演示了如何获取一个结构中所有成员的值：

```
type T struct {
    A int
    B string
}
t := T{203, "mh203"}
s := reflect.ValueOf(&t).Elem()
typeOfT := s.Type()
for i := 0; i < s.NumField(); i++ {
    f := s.Field(i)
    fmt.Printf("%d: %s %s = %v\n", i,
        typeOfT.Field(i).Name, f.Type(), f.Interface())
}
```

以上例子的输出为：

```
0: A int = 203
1: B string = mh203
```

可以看出，对于结构的反射操作并没有根本上的不同，只是用了 Field() 方法来按索引获取对应的成员。当然，在试图修改成员的值时，也需要注意可赋值属性。

9.2 语言交互性

自C语言诞生以来，程序员们已经积累了无数的代码库。即使后面还出现了众多时髦的新语言，有无数的代码库都还很偏执地只提供了C语言版本。因此，如何快捷方便地直接引用这些功能强大且供量过硬的C语言库，就成了所有现代语言都不得不重视的话题。比如，像Java这样非常重视面向对象身份的语言也都提供了JNI机制，以调用那些C代码库。

作为一门直接传承于C的语言，Go当然应该将与C语言的交互作为首要任务之一。Go确实也提供了这一功能，称为Cgo。

下面让我们直接用一个来源于Go语言官方博客的例子来开始我们的Cgo之旅。对于程序员来说，一段明了的源代码可以比几页文字更好地说明问题，具体见代码清单9-2。

代码清单9-2 cgo1.go

```
package main

import "fmt"
/*
#include <stdlib.h>
*/
import "C"

func Random() int {
```

9

```
    return int(C.random())
}

func Seed(i int) {
    C.srandom(C.uint(i))
}
func main() {
    Seed(100)
    fmt.Println("Random:", Random())
}
```

这个例子的运行方法与第1章的Hello world示例没有区别，直接使用go run命令即可。

以上这个例子的整个逻辑看起来似乎很简单：导入了一个名为C的包，然后在函数中使用了C包包含的random()和srandom()函数，顺便还用了一个C包中提供的uint类型。

初看起来确实没有问题，但再细想一下，马上就会蹦出很多疑问来。

(1) Go语言标准库里的包名字都是小写的，这个名字大写的C包怎么看都不像是Go自带的，但我也没有装过这个包，它到底从哪里来的呢？

(2) 为什么要在import前面写上那么奇怪的一段完全就是C语法的注释？这段注释是必需的吗？

(3) 不是说包内类型的可见性是由首个字母的大小写决定的吗？为什么这里能够使用C包里以小写字母开头的函数和类型呢？

如果能够提出以上这些问题，说明你确实已经比较熟悉Go语言的语法了，如果还看不出任何问题的话，建议抽空再复习一下本书前面的内容。不管如何，先让我们继续Cgo之旅。

事实上，根本就不存在一个名为C的包。这个import语句其实就是一个信号，告诉Cgo它应该开始工作了。做什么事情呢？就是对应这条import语句之前的块注释中的C源代码自动生成包装性质的Go代码。如果你对以下这些概念有所了解，就相对比较容易理解Cgo这个声称Go代码的过程：Java的JNI、.NET的P/Invoke、RPC和WebService的Proxy/Stub、IDL语言和WSDL语言等。

不了解以上这些概念也没关系，因为函数调用从汇编的角度看，就是一个将参数按顺序压栈（push），然后进行函数调用（call）的过程。Cgo生成的代码只不过是帮你封装了这个压栈和调用的过程，从外面看起来就是一个普通的Go函数调用。

这时候我们该注意到import语句前紧跟的注释了。这个注释的内容是有意义的，而不是传统意义上的注释作用。这个例子里用的是一个块注释，实际上用行注释也是没问题的，只要是紧贴在import语句之前即可。比如下面也是正确的Cgo写法：

```
// #include <stdio.h>
// #include <stdlib.h>
import "C"
```

9.2.1   类型映射

在跨语言交互中，比较复杂的问题有两个：类型映射以及跨越调用边界传递指针所带来的对象生命周期和内存管理的问题。比如Go语言中的`string`类型需要跟C语言中的字符数组进行对应，并且要保证映射到C语言的对象的生命周期足够长，以避免在C语言执行过程中该对象就已经被垃圾回收。这一节我们先谈类型映射的问题。

对于C语言的原生类型，Cgo都会将其映射为Go语言中的类型：`C.char`和`C.schar`（对应于C语言中的`signed char`）、`C.uchar`（对应于C语言中的`unsigned char`）、`C.short`和`C.ushort`（对应于`unsigned short`）、`C.int`和`C.uint`（对应于`unsigned int`）、`C.long`和`C.ulong`（对应于`unsigned long`）、`C.longlong`（对应于C语言中的`long long`）、`C.ulonglong`（对应于C语言中的`unsigned long long`类型）以及`C.float`和`C.double`。C语言中的`void*`指针类型在Go语言中则用特殊的`unsafe.Pointer`类型来对应。

C语言中的`struct`、`union`和`enum`类型，对应到Go语言中都会变成带这样前缀的类型名称：`struct_`、`union_`和`enum_`。比如一个在C语言中叫做`person`的`struct`会被Cgo翻译为`C.struct_person`。

如果C语言中的类型名称或变量名称与Go语言的关键字相同，Cgo会自动给这些名字加上下划线前缀。

9.2.2 字符串映射

因为Go语言中有明确的`string`原生类型，而C语言中用字符数组表示，两者之间的转换是一个必须考虑的问题。Cgo提供了一系列函数来提供支持：`C.CString`、`C.GoString`和`C.GoStringN`。需要注意的是，每次转换都将导致一次内存复制，因此字符串内容其实是不可修改的（实际上，Go语言的`string`也不允许对其中的内容进行修改）。

由于`C.CString`的内存管理方式与Go语言自身的内存管理方式不兼容，我们设法期待Go语言可以帮我们做垃圾收集，因此在使用完后必须显式释放调用`C.CString`所生成的内存块，否则将导致严重的内存泄露。结合我们之前已经学过的`defer`用法，所有用到`C.CString`的代码大致都可以写成如下的风格：

```go
var gostr string
// ... 初始化gostr
cstr := C.CString(gostr)
defer C.free(unsafe.Pointer(cstr))
// 接下来大胆地使用cstr吧，因为保证可以被释放掉了
// C.sprintf(cstr, "content is: %d", 123)
```

9.2.3 C 程序

在9.2节开头的示例中，块注释中只写了一条include语句，其实在这个块注释中，可以写任意合法的C源代码，而Cgo都会进行相应的处理并生成对应的Go代码。代码清单9-3是一个稍微复杂一些的例子。

代码清单9-3 cgo2

```
package hello

/*
#include <stdio.h>
void hello() {
    printf("Hello, Cgo! -- From C world.\n");
}
*/
import "C"

func Hello() {
    C.hello()
}
```

这个块注释里就直接写了个C函数，它使用C标准库里的`printf()`打印了一句话。

还有另外一个问题，那就是如果这里的C代码需要依赖一个非C标准库的第三方库，怎么办呢？如果不解决的话必然会有链接时错误。Cgo提供了`#cgo`这样的伪C文法，让开发者有机会指定依赖的第三方库和编译选项。

下面的例子示范了`#cgo`的第一种用法：

```
// #cgo CFLAGS: -DPNG_DEBUG=1
// #cgo linux CFLAGS: -DLINUX=1
// #cgo LDFLAGS: -lpng
// #include <png.h>
import "C"
```

这个例子示范了如何使用CFLAGS来传入编译选项，使用LDFLAGS来传入链接选项。`#cgo`还有另外一种更简便一些的用法，如下所示：

```
// #cgo pkg-config: png cairo
// #include <png.h>
import "C"
```

9.2.4 函数调用

对于常规的函数调用，开发者只要在运行cgo指令后查看一下生成的Go代码，就可以知道如何写对应的调用代码。有一点比较贴心的是，对于常规返回了一个值的函数，调用者可以用以下的方式顺便得到错误码：

```
n, err := C.atoi("a234")
```

在传递数组类型的参数时需要注意，在Go语言中将第一个元素的地址作为整个数组的起始地址传入，这一点就不如C语言本身直接传入数组名字那么方便了。下面为一个传递数组的例子：

```
n, err := C.f(&array[0]) // 需要显示指定第一个元素的地址
```

9.2.5　编译 Cgo

编译 Cgo 代码非常容易，我们不需要做任何特殊的处理。Go 安装后，会自带一个 cgo 命令行工具，它用于处理所有带有 Cgo 代码的 Go 文件，生成 Go 语言版本的调用封装代码。而 Go 工具集对 cgo 命令行工具再次进行了良好的封装，使构建过程能够自动识别和处理带有 Cgo 代码的 Go 源代码文件，完全不给用户增加额外的工作负担。

9.3　链接符号

链接符号关心的是如何将语言文法使用的符号转化为链接期使用的符号，在常规情况下，链接期使用的符号对我们不可见，但是在一些特殊情况下，我们需要关心这一点，比如：在用 gdb 调试的时候，要设置断点：b <函数名>，这里的 <函数名> 是指"链接符号"，而非我们平常看到的语言文法层面使用的符号。

例如，在 C 语言中，一般的函数原型如下：

```
RetType Method(ArgType1 arg1, ArgType2 arg2, ...)
```

这里 Method 是 C 语言文法层面使用的符号，但其"链接符号"为 _Method，而不是 Method。

又如在 C++ 中，一般化的函数原型如下：

```
RetType Method(ArgType1 arg1, ArgType2 arg2, ...)
RetType Namespace::Method(ArgType1 arg1, ArgType2 arg2, ...)
// 名字空间下的方法，名字空间可以有多层，如 A::B::C
RetType Namespace::ClassType::Method(ArgType1 arg1, ArgType2 arg2, ...)
// 类成员方法
```

由于 C++ 支持函数重载，故此语言的"链接符号"构成极其复杂，需要包括：

❑ Namespace

❑ ClassType

❑ Method

❑ ArgType1, ArgType2,...

因此一般情况下，C++ 的"链接符号"都非常长。另外，不同编译器厂商生成"链接符号"的规则并不统一，这是 C++ 语言很大的问题。缺乏二进制级别的交互标准，意味着不同厂商生成的二进制模块（.o 或 .so）是不兼容的。因此多数情况下，C++ 语言的模块间交互使用 C 的机制，而不是自身的机制。

在 Go 语言中，一般化的函数原型如下：

```
package Package
func Method(arg1 ArgType1, arg2 ArgType2, ...) (ret1 RetType1, ret2 RetType2, ...)
func (v ClassType) Method(arg1 ArgType1, arg2 ArgType2, ...) (ret1 RetType1, ret2
    RetType2, ...)
func (this *ClassType) Method(arg1 ArgType1, arg2 ArgType2, ...) (ret1 RetType1, ret2
    RetType2, ...) // 这种可以认为是上一种情况的特例
```

9

由于 Go 语言并无重载，故此语言的"链接符号"由如下信息构成。

❑ Package。Package 名可以是多层，例如A/B/C。

❑ ClassType。很特别的是，Go 语言中 ClassType 可以是指针，也可以不是。

❑ Method。

其"链接符号"的组成规则如下：

❑ Package.Method

❑ Package.ClassType·Method

这样说可能比较抽象，下面举个实际的例子。假设在 qbox.us/mockfs 模块中，有如下几个函数：

```
func New(cfg Config) *MockFS
func (fs *MockFS) Mkdir(dir string) (code int, err error)
func (fs MockFS) Foo(bar Bar)
```

它们的链接符号分别为：

```
qbox.us/mockfs.New
qbox.us/mockfs.*MockFS·Mkdir
qbox.us/mockfs.MockFS·Foo
```

9.4　goroutine 机理

我们在第4章中已经详细介绍了如何使用goroutine编写各种并发程序，并介绍了该Go语言特性的强大之处。从根本上来说goroutine就是一种Go语言版本的协程（coroutine）。因此，要理解goroutine的运作机理，关键就是理解传统意义上协程的工作机理。此处，本节标题也可以改名为"协程机理"，因为它并不专门针对Go语言。

回头看看，协程这个术语应该是随着Lua语言的流行而流行起来的，但要刨根究底的话，协程第一次出现在1963年，用于汇编编程。最先实现了协程的语言应该是Simula和Modula-2（恐怕已经没多少读者知道这两门语言到底是怎么回事）。Lua和Go语言则可以算是最近几年在语言层面支持协程的典型代表，但实际上支持协程的语言有三四十种之多，比如C#也在内部支持协程。因为本节不是谈协程轶事，所以关于协程的历史细节不再展开，有兴趣的读者可以自己去维基百科上查看。

9.4.1　协程

协程，也有人称之为轻量级线程，具备以下几个特点。

❑ 能够在单一的系统线程中模拟多个任务的并发执行。

❑ 在一个特定的时间，只有一个任务在运行，即并非真正地并行。

❑ 被动的任务调度方式，即任务没有主动抢占时间片的说法。当一个任务正在执行时，外部没有办法中止它。要进行任务切换，只能通过由该任务自身调用yield()来主动出让CPU使用权。

❑ 每个协程都有自己的堆栈和局部变量。

每个协程都包含3种运行状态：挂起、运行和停止。停止通常表示该协程已经执行完成（包括遇到问题后明确退出执行的情况），挂起则表示该协程尚未执行完成，但出让了时间片，以后有机会时会由调度器继续执行。

9.4.2 协程的 C 语言实现

为了更好地剖析协程的运行原理，我们在本节中将引入Go语言的作者之一拉斯·考克斯（Russ Cox）在Go语言出世之前所设计实现的一个轻量级协程库libtask，这个库的下载地址为http://swtch.com/libtask/，读者可以自行到该页面下载完整的源代码。这个库的作者使用的是非常开放的授权协议，因此读者可以随意修改和使用这些代码，但必须保持该份代码所附带的版权声明。

虽然我们没有具体地比对goroutine实现代码和libtask的直接关系，但我们有足够充分的理由相信goroutine和用于goroutine之间通信的channel都是参照libtask库实现的（甚至可能直接使用这个库）。至于go关键字等Go语言特性，我们都可以将其认为只是为了便于开发者使用而设计的语法糖。

本节我们将对这个代码库做一次结构化的阅读，并在必要的地方贴出一些关键的代码段。相信读者在阅读完本节后，对于协程的原理会有比较全面的理解。理解了协程的概念，对于正确使用Go语言的goroutine以及分析使用goroutine时遇到的各种问题都会大有帮助。

9.4.3 协程库概述

这个libtask库实现了以下几个关键模块：

❑ 任务及任务管理

❑ 任务调度器

❑ 异步IO

❑ channel

这个静态库直接提供了一个main()入口函数作为协程的驱动，因此库的使用者只需按该库约定的规则实现任务函数taskmain()，启动后这些任务自然会被以协程的方式创建和调度执行。taskmain()函数的声明如下：

```
void taskmain(int argc, char *argv[]);
```

在分析库代码之前，我们可以先看一下例子primes.c，该程序从命令行得到一个整型数作为质数的查找范围，比如用户输入了100，则该程序会列出0到100之间的所有质数，具体代码如代码清单9-4所示。

9

代码清单9-4　primes.c

```c
/* Copyright (c) 2005 Russ Cox, MIT; see COPYRIGHT */

#include <stdio.h>
#include <stdlib.h>
#include <unistd.h>
#include <task.h>

int quiet;
int goal;
int buffer;

void
primetask(void *arg)
{
    Channel *c, *nc;
    int p, i;
    c = arg;

    p = chanrecvul(c);
    if(p > goal)
        taskexitall(0);
    if(!quiet)
        printf("%d\n", p);
    nc = chancreate(sizeof(unsigned long), buffer);
    taskcreate(primetask, nc, 32768);
    for(;;){
        i = chanrecvul(c);
        if(i%p)
            chansendul(nc, i);
    }
}

void
taskmain(int argc, char **argv)
{
    int i;
    Channel *c;

    if(argc>1)
        goal = atoi(argv[1]);
    else
        goal = 100;
    printf("goal=%d\n", goal);

    c = chancreate(sizeof(unsigned long), buffer);
    taskcreate(primetask, c, 32768);
    for(i=2;; i++)
        chansendul(c, i);
}
```

下面我们将这个C程序翻译为对应的Go语言代码，让读者可以比较容易地理解这个例子，具体见代码清单9-5。

代码清单9-5 primes.go

```go
package main

import (
    "flag"
    "fmt"
    "os"
    "strconv"
)

var goal int

func primetask(c chan int) {

    p := <-c

    if p > goal {
        os.Exit(0)
    }

    fmt.Println(p)

    nc := make(chan int)

    go primetask(nc)

    for {
        i := <-c

        if i%p != 0 {
            nc <- i
        }
    }
}

func main() {
    flag.Parse()

    args := flag.Args()
    if args != nil&&len(args) > 0 {
        var err error
        goal, err = strconv.Atoi(args[0])
        if err != nil {
            goal = 100
        }
    } else {
        goal = 100
    }

    fmt.Println("goal=", goal)

    c := make(chan int)
```

```
go primetask(c)

for i := 2;; i++ {
    c <- i
}
}
```

　　两个程序的执行结果完全一致，会打印出2到100之间的所有质数。读者可以对比阅读这两份代码，从而大致了解libtask中对应于Go语言各种概念的实现方法。

9.4.4　任务

　　从上面的例子可以看出，在实现了一个任务函数后，真要让这个函数加入到调度队列中，我们还需要显式调用taskcreate()函数。下面我们大致介绍一下任务的概念，以及taskcreate()到底做了哪些事情。

　　任务用以下的结构表达：

```
struct Task
{
    char name[256];
    char state[256];
    Task *next;
    Task *prev;
    Task *allnext;
    Task *allprev;
    Context context;
    uvlong alarmtime;
    uint id;
    uchar *stk;
    uint stksize;
    int exiting;
    int alltaskslot;
    int system;
    int ready;
    void (*startfn)(void*);
    void *startarg;
    void *udata;
};
```

可以看到，每一个任务需要保存以下这几个关键数据：

❑ 任务上下文，用于在切换任务时保持当前任务的运行环境
❑ 栈
❑ 状态
❑ 该任务所对应的业务函数（9.4.3节中的primetask()函数）
❑ 任务的调用参数
❑ 之前和之后的任务

下面我们再来看一下任务的创建过程：

```
staticint taskidgen;

static Task*
taskalloc(void (*fn)(void*), void *arg, uint stack)
{
    Task *t;
    sigset_t zero;
    uint x, y;
    ulong z;

    /* 一起分配任务和栈需要的内存*/
    t = malloc(sizeof *t+stack);
    if(t == nil){
        fprint(2, "taskalloc malloc: %r\n");
        abort();
    }
    memset(t, 0, sizeof *t);
    t->stk = (uchar*)(t+1);
    t->stksize = stack;
    t->id = ++taskidgen;
    t->startfn = fn;
    t->startarg = arg;

    /* 初始化 */
    memset(&t->context.uc, 0, sizeof t->context.uc);
    sigemptyset(&zero);
    sigprocmask(SIG_BLOCK, &zero, &t->context.uc.uc_sigmask);

    /* 必须使用当前的上下文初始化*/
    if(getcontext(&t->context.uc) < 0){
        fprint(2, "getcontext: %r\n");
        abort();
    }

    /* 调用makecontext来完成真正的工作 */
    /* 头尾都留点空间。*/
    t->context.uc.uc_stack.ss_sp = t->stk+8;
    t->context.uc.uc_stack.ss_size = t->stksize-64;
#if defined(__sun__) && !defined(__MAKECONTEXT_V2_SOURCE)/* sigh */
#warning "doing sun thing" t->context.uc.uc_stack.ss_sp =
        (char*)t->context.uc.uc_stack.ss_sp
        +t->context.uc.uc_stack.ss_size;
#endif
//print("make %p\n", t);
    z = (ulong)t;
    y = z;
    z >>= 16;
    x = z>>16;
    makecontext(&t->context.uc, (void(*)())taskstart, 2, y, x);

    return t;
}

int
```

```
taskcreate(void (*fn)(void*), void *arg, uint stack)
{
    int id;
    Task *t;

    t = taskalloc(fn, arg, stack);
    taskcount++;
    id = t->id;
    if(nalltask%64 == 0){
        alltask = realloc(alltask, (nalltask+64)*sizeof(alltask[0]));
        if(alltask == nil){
            fprint(2, "out of memory\n");
            abort();
        }
    }
    t->alltaskslot = nalltask;
    alltask[nalltask++] = t;
    taskready(t);
    return id;
}
```

可以看到，这个过程其实就是创建并设置了一个Task对象，然后将这个对象添加到alltask列表中，接着将该Task对象的状态设置为就绪，表示该任务可以接受调度器的调度。

9.4.5　任务调度

上面提到了任务列表alltask，那么到底就绪的这些任务是如何被调度的呢？我们可以看一下调度器的实现，整个代码量也不是很多：

```
static void
taskscheduler(void)
{
    int i;
    Task *t;

    taskdebug("scheduler enter");
    for(;;){
        if(taskcount == 0)
            exit(taskexitval);
        t = taskrunqueue.head;
        if(t == nil){
            fprint(2, "no runnable tasks! %d tasks stalled\n", taskcount);
            exit(1);
        }
        deltask(&taskrunqueue, t);
        t->ready = 0;
        taskrunning = t;
        tasknswitch++;
        taskdebug("run %d (%s)", t->id, t->name);
        contextswitch(&taskschedcontext, &t->context);
        //print("back in scheduler\n");
        taskrunning = nil;
```

```
        if(t->exiting){
            if(!t->system)
                taskcount--;
            i = t->alltaskslot;
            alltask[i] = alltask[--nalltask];
            alltask[i]->alltaskslot = i;
            free(t);
        }
    }
}
```

逻辑其实很简单，就是循环执行正在等待中的任务，直到执行完所有的任务后退出。读者可能会觉得奇怪，这个函数里根本没有调用任务所对应的业务函数的代码，那么那些代码到底是怎么执行的呢？最关键的是下面这一句调用：

```
contextswitch(&taskschedcontext, &t->context);
```

接下来我们解释这到底发生了什么。

9.4.6 上下文切换

要理解函数执行过程中的上下文切换，我们需要理解几个比较底层的Linux系统函数：`makecontext()`和`swapcontext()`。我们可以简单分析一下下面这个小例子来理解这一系列函数的作用，具体见代码清单9-6。

代码清单9-6 context.c

```c
#include <stdio.h>
#include <ucontext.h>

static ucontext_t ctx[3];


static void
f1 (void)
{
    puts("start f1");
    swapcontext(&ctx[1], &ctx[2]);
    puts("finish f1");
}


static void
f2 (void)
{
    puts("start f2");
    swapcontext(&ctx[2], &ctx[1]);
    puts("finish f2");
}
```

9

```
int
main (void)
{
    char st1[8192];
    char st2[8192];


    getcontext(&ctx[1]);
    ctx[1].uc_stack.ss_sp = st1;
    ctx[1].uc_stack.ss_size = sizeof st1;
    ctx[1].uc_link = &ctx[0];
    makecontext(&ctx[1], f1, 0);


    getcontext(&ctx[2]);
    ctx[2].uc_stack.ss_sp = st2;
    ctx[2].uc_stack.ss_size = sizeof st2;
    ctx[2].uc_link = &ctx[1];
    makecontext(&ctx[2], f2, 0);


    swapcontext(&ctx[0], &ctx[2]);
    return 0;
}
```

执行结果为：

```
start f2
start f1
finish f2
finish f1
```

主函数里的swapcontext()调用将导致f2()函数被调用，因为ctx[2]中填充的内容为f2()函数的执行信息。而在执行f2()的过程中又遇到一次swapcontext()调用，这次切换到了f1()函数。这也是先打印两个start信息而没有任何一个函数先结束的原因。

我们现在还在f1()函数中，继续执行，结果又遇到了一个swapcontext()，由于第二个参数为ctx[2]，因此再次切换回到了f2()。由于之前f2()函数在执行swapcontext()时将那个时刻的上下文全部记录到了ctx[2]()中，因此从f1()再次切换回来后，f2()的执行将从之前的那一行代码继续执行，在本例中即执行打印"finish f2"信息。这也是f2()先于f1()结束的原因。

有了这些知识后，我们在回头去看libtask关于上下文切换的代码，就更容易理解了。因为在taskalloc()中的最后一行，我们可以看到每一个任务的上下文被设置为taskstart()函数相关，所以一旦调用swapcontext()切换到任务所记录的上下文，则将会导致taskstart()函数被调用，从而在taskstart()函数中进一步调用真正的业务函数，比如上例中的primetask()函数就是这么被调用到的（被设置为任务的startfn成员）。下面是taskstart()函数的具体实现代码：

```
static void
taskstart(uint y, uint x)
{
    Task *t;
    ulong z;

    z = x<<16;
    z <<= 16;
    z |= y;
    t = (Task*)z;

    //print("taskstart %p\n", t);
    t->startfn(t->startarg);
    //print("taskexits %p\n", t);
    taskexit(0);
    //print("not reacehd\n");
}
```

到这里，上下文切换的原理我们基本上已经解释完毕，那么到底什么时候应该发生上下文切换呢？我们知道，在任务的执行过程中发生任务切换只会因为以下原因之一：

❑ 该任务的业务代码主动要求切换，即主动让出执行权；

❑ 发生了IO，导致执行阻塞。

我们先看第一种情况，即主动出让执行权。这一动作通过主动调用taskyield()来完成。在下面的代码中，taskswitch()切换上下文以具体做到任务切换，taskready()函数将一个具体的任务设置为等待执行状态，tasksyield()则借助其他的函数完成执行权出让：

```
void
taskswitch(void)
{
    needstack(0);
    contextswitch(&taskrunning->context, &taskschedcontext);
}

void
taskready(Task *t)
{
    t->ready = 1;
    addtask(&taskrunqueue, t);
}

int
taskyield(void)
{
    int n;

    n = tasknswitch;
    taskready(taskrunning);
    taskstate("yield");
    taskswitch();
    return tasknswitch - n - 1;
}
```

上面的代码做了这几件事情：
□ 将正在执行的任务放回到等待队列中，免得永远无法再切换回来；
□ 将该任务的状态设置为yield；
□ 进行任务切换。

那么到底切换到哪里去了呢？我们只要查看一下调用contextswitch()时传入的第二个参数taskschedcontext具体对应的代码位置就可以。非常容易地查到切换的目的地，这就是调度器在将执行上下文切换到具体一个任务之前所记录的taskscheduler()函数自身的执行上下文。因此，taskyield()将导致调度器函数taskscheduler()函数重新被激活，并从contextswitch()的下一行继续执行。现在，整个调度过程算是真的解释完成了。要了解所有细节，最好的办法就是通读libtask的任务相关的所有代码，其实也就四百多行代码。

接下来我们详细解释libtask如何在一个任务遭遇到阻塞的IO动作时自动让出执行权。库中的fd.c进行了基于轮询的异步IO封装，并在tcpproxy.c中示范了如何使用异步IO来达成自动出让执行权的效果。这里不再解释整个流程，而把注意力放在以下这个底层函数的理解上：

```
void
fdtask(void *v)
{
    int i, ms;
    Task *t;
    uvlong now;

    tasksystem();
    taskname("fdtask");
    for(;;){
        /* 让给其他任务执行 */
        while(taskyield() > 0)
        ;
        /* 我们是唯一在运行的一个，使用poll来等待IO事件*/
        errno = 0;
        taskstate("poll");
        if((t=sleeping.head) == nil)
            ms = -1;
        else{
            /*等待最多5秒钟*/
            now = nsec();
            if(now >= t->alarmtime)
                ms = 0;
            elseif(now+5*1000*1000*1000LL >= t->alarmtime)
                ms = (t->alarmtime - now)/1000000;
            else
                ms = 5000;
        }
        if(poll(pollfd, npollfd, ms) < 0){
            if(errno == EINTR)
                continue;
            fprint(2, "poll: %s\n", strerror(errno));
            taskexitall(0);
        }
```

```
/* 激活对应的任务 */
for(i=0; i<npollfd; i++){
    while(i < npollfd && pollfd[i].revents){
        taskready(polltask[i]);
        --npollfd;
        pollfd[i] = pollfd[npollfd];
        polltask[i] = polltask[npollfd];
    }
}

now = nsec();
while((t=sleeping.head) && now >= t->alarmtime){
    deltask(&sleeping, t);
    if(!t->system && --sleepingcounted == 0)
        taskcount--;
    taskready(t);
}
}
}
```

当发生IO事件时，程序会先让其他处于yield状态的任务先执行，待清理掉这些可以执行的任务后，开始调用poll来监听所有处于IO阻塞状态的pollfd，一旦有某些pollfd成功读写，则将对应的任务切换为可调度状态。此时，IO阻塞导致自动切换的过程就完整展现在我们面前了。

9.4.7 通信机制

这一节内容和协程机理没有直接联系，但是因为channel总是伴随着goroutine出现，所以我们顺便了解一下channel的原理也颇有好处。幸运的是，libtask中也提供了channel的参考实现。

我们已经知道，channel是推荐的goroutine之间的通信方式。而实际上，"通信"这个术语并不太适用。从根本上来说，channel只是一个数据结构，可以被写入数据，也可以被读取数据。所谓的发送数据到channel，或者从channel读取数据，说白了就是对一个数据结构的操作，仅此而已。

下面我们就来看看channel的数据结构：

```
struct Alt
{
    Channel *c;
    void *v;
    unsigned int op;
    Task*task;
    Alt*xalt;
};

struct Altarray
{
    Alt **a;
    unsigned int n;
    unsigned  int m;
```

9

```
};

struct Channel
{
    unsigned int bufsize;
    unsigned int elemsize;
    unsigned char *buf;
    unsigned int nbuf;
    unsigned int off;
    Altarray asend;
    Altarra yarecv;
    char *name;
};
```

我们可以看到channel的基本组成如下：

❑ 内存缓存，用于存放元素；

❑ 发送队列；

❑ 接受队列。

从以下这个channel的创建函数可以看出，分配的内存缓存就紧跟在这个channel结构之后：

```
Channel*
chancreate(int elemsize, int bufsize)
{
    Channel *c;

    c = malloc(sizeof *c+bufsize*elemsize);
    if(c == nil){
        fprint(2, "chancreate malloc: %r");
        exit(1);
    }
    memset(c, 0, sizeof *c);
    c->elemsize = elemsize;
    c->bufsize = bufsize;
    c->nbuf = 0;
    c->buf = (uchar*)(c+1);
    return c;
}
```

　　因为协程原则上不会出现多线程编程中经常遇到的资源竞争问题，所以这个channel的数据结构甚至在访问的时候都不用加锁（因为Go语言支持多CPU核心并发执行多个goroutine，会造成资源竞争，所以在必要的位置还是需要加锁的）。

　　在理解了数据结构后，我们基本上可以知道这个数据结构会如何用于处理发送和接收数据，所以这里就不再针对此主题展开讨论。

9.5　接口机理

　　曾经深入研究过C++语言中的虚函数以及函数重载原理的读者，可能对于C++中引入的虚表和虚表指针还有深刻的印象。因为C++中并没有真正的接口，而只有纯虚函数和纯虚类，因此虚函数的原理就可以认为是C++版本的接口原理。要深入理解这些细节，需要认真读的书还是那本《深度探索C++对象模型》。总而言之，C++的整个接口机制是基本原理非常简单，实现细节非常复杂，实现的功能非常强大，要全部掌握也就非常有难度。

我们已经在第3章中详细介绍了Go语言接口的特性和使用方法，本节中，我们将以尽量简洁明了的方式来解释Go语言这种"非侵入式"接口的实现原理。

接口的主要用法包含从类型赋值到接口、接口之间赋值和接口查询等，而我们的原理剖析也会主要覆盖这几个功能。

读者可以从https://github.com/qiniu/gobook/tree/master/chapter9/interface上下载源代码，对照本节理解Go语言的接口机制。

9.5.1 类型赋值给接口

对于Go语言的使用者而言，Go语言接口的非侵入式具有相当的神秘色彩，比如我们先看这个最简单的接口使用示例，具体见代码清单9-7。

代码清单9-7 interface-1.go

```go
package main

import "fmt"

type ISpeaker interface {
    Speak()
}

type SimpleSpeaker struct {
    Message string
}

func (speaker *SimpleSpeaker) Speak() {
    fmt.Println("I am speaking? ", speaker.Message)
}

func main() {
var speaker ISpeaker
    speaker = &SimpleSpeaker{"Hell"}
    speaker.Speak()
}
```

对于学过其他面向对象编程语言（比如C++）的读者而言，已经习惯了由明确的继承关系来确定类型和接口之间的关联，现在看到上述示例中ISpeaker和SimpleSpeaker没有任何的关联约定，就会产生困惑，为什么编译器不报编译错误呢？很显然，Go语言采取了一个与C++等语言不同的机制。

一个核心的问题就是：从机器的角度如何判断一个SimpleSpeaker类型实现了ISpeaker接口的所有方法？一个简单的逻辑就是需要获取这个类型的所有方法集合（集合A），并获取该接口

9

包含的所有方法集合（集合B），然后判断列表B是否为列表A的子集，是则意味着SimpleSpeaker类型实现了ISpeaker接口。

我们可以用以下的数据结构来描述Go语言中类型管理方法的方式：

```
typedef struct _MemberInfo {
    const char * tag;
    void * addr;
} MemberInfo;

typedef struct _TypeInfo {
    MemberInfo* members;
} TypeInfo;
```

在以上的两个数据结构中，_MemberInfo结构体对应于一个具体的方法，将方法名和方法地址对应起来。而_TypeInfo对应一个类型，每个类型包含一个_MemberInfo类型的数组。

现在我们再列出接口的方法描述方式：

```
typedef struct _InterfaceInfo {
    const char** tags;
    } InterfaceInfo;

typedef struct _ITbl {
    InterfaceInfo* inter;
    TypeInfo* type;
    //...
} ITbl;
```

每个接口的数据结构都包含两个基本的信息：本接口的接口方法表（InterfaceInfo）以及所指向的具体实现类型的类型信息（TypeInfo）。

有了类型和接口的数据结构后，我们就可以回头定义出SimpleSpeaker和ISpeaker的具体数据。ISpeaker接口的底层表现如下：

```
typedef struct _ISpeakerTbl {
    InterfaceInfo* inter;
    TypeInfo* type;
    int (*Speak)(void* this);
} ISpeakerTbl;

typedef struct _ISpeaker {
    ISpeakerTbl* tab;
    void* data;
} ISpeaker;

const char* g_Tags_ISpeaker[] = {
    "Speak()",
    NULL
};

InterfaceInfo g_InterfaceInfo_ISpeaker = {
    g_Tags_ISpeaker
};
```

每个接口都会包含一个指向接口表的指针,而接口表将方法名和方法的调用地址对应起来。下面是SimpleSpeaker类型的底层表达方法:

```
typedef struct _SimpleSpeaker {
    char Message[256];
} A;

void SimpleSpeaker_Speak(A* this) {
    printf("I am speaking... %s\n", this->Message);
}

MemberInfo g_Members_SimpleSpeaker[] = {
    { "Speak()", SimpleSpeaker_Speak },
    { NULL, NULL }
};

TypeInfo g_TypeInfo_SimpleSpeaker = {
    g_Members_SimpleSpeaker
};
```

现在我们可以很容易判断SimpleSpeaker是否实现了ISpeaker接口:只需要将g_Members_SimpeSpeaker数组和g_Tags_ISpeaker数组的内容进行字符串比对即可。因为两者都包含了完整名称为Speak()的方法,因此SimpleSpeaker实现了ISpeaker。

Go语言可以在编译期获取足够多的信息并进行代码的优化。比如对于这个类型赋值到接口的场景,编译器可以先通过以上的逻辑判断是否该类型和该接口之间可以赋值,之后专门为SimpleSpeaker类型生成一个全局的ISpeaker接口表,具体如下所示:

```
ISpeakerTbl g_Itbl_ISpeaker_SimpleSpeaker = {
    &g_InterfaceInfo_ISpeaker,
    &g_TypeInfo_SimpleSpeaker,
    (int (*)(void* this))SimpleSpeaker_Speak
};
```

对于例子中这行类型到接口的赋值和调用语句:

```
speaker = &SimpleSpeaker{"Hell"}
speaker.Speak()
```

对应的底层实现会接近如下的写法:

```
// 这时候的SimpleSpeaker只是一个纯数据接口
SimpleSpeaker* unnamed = NewSimpleSpeaker("Hello");
ISpeaker p = {
    &g_Itbl_ISpeaker_SimpleSpeaker,
    unnamed
};
p.tbl->Speak(p.data)
```

可以看到,这种明确的可以在编译期确定的工作,就没必要到运行期进行动态的类型查询和转换。

为了让读者能够比较完整地理解这个过程,我们在这里再提供了一份完整可执行的代码,供读者运行并观察运行的效果。Go语言版本的示例代码如代码清单9-8所示。

9

代码清单9-8 interface-2.go

```go
package main

import "fmt"

type IReadWriter interface {
    Read(buf *byte, cb int) int
    Write(buf *byte, cb int) int
}

type A struct {
    a int
}

func NewA(params int) *A {
    fmt.Println("NewA:", params);
    return &A{params}
}

func (this *A) Read(buf *byte, cb int) int {
    fmt.Println("A_Read:", this.a)
    return cb
}

func (this *A) Write(buf *byte, cb int) int {
    fmt.Println("A_Write:", this.a)
    return cb
}

type B struct {
    A
}

func NewB(params int) *B {
    fmt.Println("NewB:", params);
    return &B{A{params}}
}

func (this *B) Write(buf *byte, cb int) int {
    fmt.Println("B_Write:", this.a)
return cb
}

func (this *B) Foo() {
    fmt.Println("B_Foo:", this.a)
}

func main() {
var p IReadWriter = NewB(8)
    p.Read(nil, 10)
    p.Write(nil, 10)
}
```

对应的C语言版本的实现代码如代码清单9-9所示。

代码清单9-9 interface-2.c

```c
#include <stdio.h>
#include <stdlib.h>

// ------------------------------------------------------------
typedef struct _TypeInfo {
// 用于运行时取得类型信息，比如反射机制
} TypeInfo;

typedef struct _InterfaceInfo {
// 用于运行时取得接口信息
} InterfaceInfo;
// ------------------------------------------------------------
typedef struct _IReadWriterTbl {
    InterfaceInfo* inter;
    TypeInfo* type;
    int (*Read)(void* this, char* buf, int cb);
    int (*Write)(void* this, char* buf, int cb);
} IReadWriterTbl;

typedef struct _IReadWriter {
    IReadWriterTbl* tab;
    void* data;
} IReadWriter;

InterfaceInfo g_InterfaceInfo_IReadWriter = {
// ...
};

// ------------------------------------------------------------
typedef struct _A {
    int a;
} A;

int A_Read(A* this, char* buf, int cb) {
    printf("A_Read: %d\n", this->a);
    return cb;
}

int A_Write(A* this, char* buf, int cb) {
    printf("A_Write: %d\n", this->a);
    return cb;
}

TypeInfo g_TypeInfo_A = {
// ...
};

A* NewA(int params) {
```

```c
    printf("NewA: %d\n", params);
    A* this = (A*)malloc(sizeof(A));
    this->a = params;
    return this;
}


// ------------------------------------------------------------
typedef struct _B {
    A base;
} B;

int B_Write(B* this, char* buf, int cb) {
    printf("B_Write: %d\n", this->base.a);
    return cb;
}

void B_Foo(B* this) {
    printf("B_Foo: %d\n", this->base.a);
}

TypeInfo g_TypeInfo_B = {
// ...
};

B* NewB(int params) {
    printf("NewB: %d\n", params);
    B* this = (B*)malloc(sizeof(B));
    this->base.a = params;
    return this;
}
// ------------------------------------------------------------

IReadWriterTbl g_Itbl_IReadWriter_B = {
    &g_InterfaceInfo_IReadWriter,
    &g_TypeInfo_B,
    (int (*)(void* this, char* buf, int cb))A_Read,
    (int (*)(void* this, char* buf, int cb))B_Write
};

int main() {
    B* unnamed = NewB(8);
    IReadWriter p = {
    &g_Itbl_IReadWriter_B,
        unnamed
    };
    p.tab->Read(p.data, NULL, 10);
    p.tab->Write(p.data, NULL, 10);
    return 0;
}
// ------------------------------------------------------------
```

9.5.2 接口查询

接口查询是一个在软件开发中非常常见的使用场景，比如一个拿着IReader接口的开发者，在某些时候会需要知道IReader所对应的类型是否也实现了IReadWriter接口，这样它可以切换到IReadWriter接口，然后调用该接口的Write()方法写入数据。

在Go语言的使用中，这个过程非常简单，具体代码如下：

```
var reader IReader = NewReader()
if writer, ok := reader.(IReadWriter); ok {
    writer.Write()
}
```

那么到底接口查询是如何被支持的呢？现在就让我们揭开它们的神秘面纱。

在9.5.1节中，我们已经大致介绍了在Go语言中可以采取的接口匹配流程。在使用接口查询的时候，这个机制可以派上用场了。

按Go语言的定义，接口查询其实是在做接口方法查询，只要该类型实现了某个接口的所有方法，就可以认为该类型实现了此接口。相比类型赋值给接口时可以做的编译期优化，运行期接口查询就只能老老实实地做一次接口匹配了。下面我们来看一下基本的匹配过程：

```
typedef struct _ITbl {
    InterfaceInfo* inter;
    TypeInfo* type;
    //...
} ITbl;

ITbl* MakeItbl(InterfaceInfo* intf, TypeInfo* ti) {
    size_t i, n = MemberCount(intf);
    ITbl* dest = (ITbl*)malloc(n * sizeof(void*) + sizeof(ITbl));
    void** addrs = (void**)(dest + 1);
    for (i = 0; i < n; i++) {
        addrs[i] = MemberFind(ti, intf->tags[i]);
        if (addrs[i] == NULL) {
            free(dest);
            return NULL;
        }
    }
    dest->inter = intf;
    dest->type = ti;
    return dest;
}
```

这是一个动态的接口匹配过程。这个流程就是按接口信息表中包含的方法名逐一查询匹配，如果发现传入的类型信息ti的方法列表是intf的方法列表的超集（即intf方法列表中的所有方法都存在于ti方法列表中），则表示接口查询成功。

从这个过程可以看到，整个过程其实跟发起查询的那个源接口毫无关系，真正的查询是针对源接口所指向的具体类型以及目标接口。因为这个过程比较简洁、易懂，这里就不再列出完整的示例代码。

9

9.5.3　接口赋值

与接口查询相比，其实还有另外一种简单一些的场景，叫接口赋值，那就是将一个接口直接赋值给另外一个接口，比如：

```
var rw IReadWriter = ...
var r IReader = rw
...
```

这种赋值是否可以通过编译的判断依据是源接口和目标接口是否存在方法集合的包含关系。因为IReadWriter包含了IReader的所有方法，所以这种赋值过程是合法的。但是不能直接将IReader接口赋值给IReadWriter，如果需要这种转换，就得用接口查询。

接口赋值初看起来和我们描述的接口查询过程有些像，但因为接口赋值过程在编译期就可以确定，所以没必要动用消耗比较大的动态接口查询流程。我们可以认为接口赋值是接口查询的一种优化。在编译期，编译器就能判断是否可进行接口转换。如果可转换，编译器将为所有用到的接口赋值，生成各自的赋值函数：

```
IWriterTbl* Itbl_IWriter_From_IReadWriter(IReadWriterTbl* src) {
    IWriterTbl* dest = (IWriterTbl*)malloc(sizeof(IWriterTbl));
    dest->inter = &g_InterfaceInfo_IWriter,
    dest->type = src->type;
    dest->Write = src->Write;
    return dest;
}
```

这段代码没有做是否可以从IReadWriter接口转换到IWriter接口的判断，因为这是编译器在生成这个函数之前应该做的编译期动作。相关内容之前已经解释过，只需将这两个接口的方法集进行对比即可。

此时，关于接口机理的介绍就完成了。需要说明的是，我们介绍的只是其中一种可实现的途径，还存在大量其他的实现方法。如果读者有更好的想法，或者对本节有任何建议或问题，都欢迎与我们联系和讨论。

附　录　A

A.1　Go 语言标准库

一门语言是否能够比较快地受到开发者的欢迎，除了语法特性外，语言所附带的标准库的功能完整性和易用性也是一个非常重要的评判标准。假如Java只有一个编译器而没有JDK，C#没有对应的.NET Framework，那么很难想象这两门语言可以流行。

一个优秀的标准库应该能够解决大部分开发需求，只在极少情况下，比如解决比较专业的问题或者特别复杂的问题时，才需要依赖第三方库。

Go语言的发布版本附带了一个非常强大的标准库。如果能够快速定位相应的功能，开发者的幸福感会大大提高。我们希望本章内容能够帮助学习Go语言的读者尽量快速定位到相应的包。

不过归根到底，学习新事物还是一回生二回熟，希望读者在学习Go语言的过程中遇到任何问题，都能够保持足够的耐心，在解决一个又一个问题的过程当中，发现越来越多Go语言的可爱之处。Go语言标准库为我们提供了源代码，且所有的包都有单元测试案例。我们在查看Go语言标准库文档时，可以随时单击库里的函数名跳转到对应的源代码。这些源代码具备相当高的参考价值，平时多看看对提高自己的Go语言开发水平会大有裨益。

Go标准库可以大致按其中库的功能进行以下分类，这个分类比较简单，不求准确，但求能够帮助开发者根据自己模糊的需求更快找到自己需要的包。

- 输入输出。这个分类包括二进制以及文本格式在屏幕、键盘、文件以及其他设备上的输入输出等，比如二进制文件的读写。对应于此分类的包有`bufio`、`fmt`、`io`、`log`和`flag`等，其中`flag`用于处理命令行参数。
- 文本处理。这个分类包括字符串和文本内容的处理，比如字符编码转换等。对应于此分类的包有`encoding`、`bytes`、`strings`、`strconv`、`text`、`mime`、`unicode`、`regexp`、`index`和`path`等。其中`path`用于处理路径字符串。
- 网络。这个分类包括开发网络程序所需要的包，比如Socket编程和网站开发等。对应于此分类的包有：`net`、`http`和`expvar`等。
- 系统。这个分类包含对系统功能的封装，比如对操作系统的交互以及原子性操作等。对应于此分类的包有`os`、`syscall`、`sync`、`time`和`unsafe`等。

❑ 数据结构与算法。对应于此分类的包有`math`、`sort`、`container`、`crypto`、`hash`、`archive`、`compress`和`image`等。因为`image`包里提供的图像编解码都是算法，所以也归入此类。

❑ 运行时。对应于此分类的包有：`runtime`、`reflect`和`go`等。

A.1.1　常用包介绍

本节我们介绍Go语言标准库里使用频率相对较高的一些包。熟悉了这些包后，使用Go语言开发一些常规的程序将会事半功倍。

❑ `fmt`。它实现了格式化的输入输出操作，其中的`fmt.Printf()`和`fmt.Println()`是开发者使用最为频繁的函数。

❑ `io`。它实现了一系列非平台相关的IO相关接口和实现，比如提供了对`os`中系统相关的IO功能的封装。我们在进行流式读写（比如读写文件）时，通常会用到该包。

❑ `bufio`。它在`io`的基础上提供了缓存功能。在具备了缓存功能后，`bufio`可以比较方便地提供`ReadLine`之类的操作。

❑ `strconv`。本包提供字符串与基本数据类型互转的能力。

❑ `os`。本包提供了对操作系统功能的非平台相关访问接口。接口为Unix风格。提供的功能包括文件操作、进程管理、信号和用户账号等。

❑ `sync`。它提供了基本的同步原语。在多个goroutine访问共享资源的时候，需要使用`sync`中提供的锁机制。

❑ `flag`。它提供命令行参数的规则定义和传入参数解析的功能。绝大部分的命令行程序都需要用到这个包。

❑ `encoding/json`。JSON目前广泛用做网络程序中的通信格式。本包提供了对JSON的基本支持，比如从一个对象序列化为JSON字符串，或者从JSON字符串反序列化出一个具体的对象等。

❑ `http`。它是一个强大而易用的包，也是Golang语言是一门"互联网语言"的最好佐证。通过`http`包，只需要数行代码，即可实现一个爬虫或者一个Web服务器，这在传统语言中是无法想象的。

A.1.2　完整包列表

完整的包列表见表A-1。

表　A-1

目　　录	包	概　　述
	bufio	实现缓冲的I/O
	bytes	提供了对字节切片操作的函数
	crypto	收集了常见的加密常数

（续）

目　录	包	概　　述
	errors	实现了操作错误的函数
	Expvar	为公共变量提供了一个标准的接口，如服务器中的运算计数器
	flag	实现了命令行标记解析
	fmt	实现了格式化输入输出
	hash	提供了哈希函数接口
	html	实现了一个HTML5兼容的分词器和解析器
	image	实现了一个基本的二维图像库
	io	提供了对I/O原语的基本接口
	log	它是一个简单的记录包，提供最基本的日志功能
	math	提供了一些基本的常量和数学函数
	mime	实现了部分的MIME规范
	net	提供了一个对UNIX网络套接字的可移植接口，包括TCP/IP、UDP域名解析和UNIX域套接字
	os	为操作系统功能实现了一个平台无关的接口
	path	实现了对斜线分割的文件名路径的操作
	reflect	实现了运行时反射，允许一个程序以任意类型操作对象
	regexp	实现了一个简单的正则表达式库
	runtime	包含与Go运行时系统交互的操作，如控制goroutine的函数
	sort	提供对集合排序的基础函数集
	strconv	实现了在基本数据类型和字符串之间的转换
	strings	实现了操作字符串的简单函数
	sync	提供了基本的同步机制，如互斥锁
	syscall	包含一个低级的操作系统原语的接口
	testing	提供对自动测试Go包的支持
	time	提供测量和显示时间的功能
	unicode	Unicode编码相关的基础函数
archive	tar	实现对tar压缩文档的访问
	zip	提供对ZIP压缩文档的读和写支持
compress	bzip2	实现了bzip2解压缩
	flate	实现了RFC 1951中所定义的DEFLATE压缩数据格式
	gzip	实现了RFC 1951中所定义的gzip格式压缩文件的读和写
	lzw	实现了Lempel-Ziv-Welch编码格式的压缩的数据格式，参见T. A. Welch, A Technique for High-Performance Data Compression, Computer, 17(6) (June 1984), pp 8-19
	zlib	实现了RFC 1950中所定义的zlib格式压缩数据的读和写

（续）

目 录	包	概 述
container	heap	提供了实现heap.Interface接口的任何类型的堆操作
	list	实现了一个双链表
	ring	实现了对循环链表的操作
crypto	aes	实现了AES加密（以前的Rijndael），详见美国联邦信息处理标准（197号文）
	cipher	实现了标准的密码块模式，该模式可包装进低级的块加密实现中
	des	实现了数据加密标准（Data Encryption Standard, DES）和三重数据加密算法（Triple Data Encryption Algorithm, TDEA），详见美国联邦信息处理标准（46-3号文）
	dsa	实现了FIPS 186-3所定义的数据签名算法（Digital Signature Algorithm）
	ecdsa	实现了FIPS 186-3所定义的椭圆曲线数据签名算法（Elliptic Curve Digital Signature Algorithm）
	elliptic	实现了素数域上几个标准的椭圆曲线
	hmac	实现了键控哈希消息身份验证码（Keyed-Hash Message Authentication Code, HMAC），详见美国联邦信息处理标准（198号文）
	md5	实现了RFC 1321中所定义的MD5哈希算法
	rand	实现了一个加密安全的伪随机数生成器
	rc4	实现了RC4加密，其定义见Bruce Schneier的应用密码学（Applied Cryptography）
	rsa	实现了PKCS#1中所定义的RSA加密
	sha1	实现了RFC 3174中所定义的SHA1哈希算法
	sha256	实现了FIPS 180-2中所定义的SHA224和SHA256哈希算法
	sha512	实现了FIPS 180-2中所定义的SHA384和SHA512哈希算法
	subtle	实现了一些有用的加密函数，但需要仔细考虑以便正确应用它们
	tls	部分实现了RFC 4346所定义的TLS 1.1协议
	x509	可解析X.509编码的键值和证书
	x509/pkix	包含用于对X.509证书、CRL和OCSP的ASN.1解析和序列化的共享的、低级的结构
database	sql	围绕SQL提供了一个通用的接口
	sql/driver	定义了数据库驱动所需实现的接口，同sql包的使用方式
debug	dwarf	提供了对从可执行文件加载的DWARF调试信息的访问，这个包对于实现Go语言的调试器非常有价值
	elf	实现了对ELF对象文件的访问。ELF是一种常见的二进制可执行文件和共享库的文件格式。Linux采用了ELF格式
	gosym	访问Go语言二进制程序中的调试信息。对于可视化调试很有价值
	macho	实现了对 http://developer.apple.com/mac/library/documentation/DeveloperTools/Conceptual/MachORuntime/Reference/reference.html 所定义的Mach-O对象文件的访问
	pe	实现了对PE（Microsoft Windows Portable Executable）文件的访问

（续）

目　录	包	概　述
encoding	ascii85	实现了ascii85数据编码，用于btoa工具和Adobe's PostScript以及PDF文档格式
	asn1	实现了解析DER编码的ASN.1数据结构，其定义见ITU-T Rec X.690
	base32	实现了RFC 4648中所定义的base32编码
	base64	实现了RFC 4648中所定义的base64编码
	binary	实现了在无符号整数值和字节串之间的转化，以及对固定尺寸值的读和写
	csv	可读和写由逗号分割的数值（csv）文件
	gob	管理gob流——在编码器（发送者）和解码器（接收者）之间进行二进制值交换
	hex	实现了十六进制的编码和解码
	json	实现了定义于RFC 4627中的JSON对象的编码和解码
	pem	实现了PEM（Privacy Enhanced Mail）数据编码
	xml	实现了一个简单的可理解XML名字空间的XML 1.0解析器
go	ast	声明了用于展示Go包中的语法树类型
	build	提供了构建Go包的工具
	doc	从一个Go AST（抽象语法树）中提取源代码文档
	parser	实现了一个Go源文件解析器
	printer	实现了对AST（抽象语法树）的打印
	scanner	实现了一个Go源代码文本的扫描器
	token	定义了代表Go编程语言中词法标记以及基本操作标记（printing、predicates）的常量
hash	adler32	实现了Adler-32校验和
	crc32	实现了32位的循环冗余校验或CRC-32校验和
	crc64	实现了64位的循环冗余校验或CRC-64校验和
	fnv	实现了Glenn Fowler、Landon Curt Noll和Phong Vo所创建的FNV-1和FNV-1a未加密哈希函数
html	template	它自动构建HTML输出，并可防止代码注入
image	color	实现了一个基本的颜色库
	draw	提供一些做图函数
	gif	实现了一个GIF图像解码器
	jpeg	实现了一个JPEG图像解码器和编码器
	png	实现了一个PNG图像解码器和编码器
index	suffixarray	通过构建内存索引实现的高速字符串匹配查找算法
io	ioutil	实现了一些实用的I/O函数
log	syslog	提供了对系统日志服务的简单接口

（续）

目　　录	包	概　　述
Math	big	实现了多精度的算术运算（大数）
	cmplx	为复数提供了基本的常量和数学函数
	rand	实现了伪随机数生成器
mime	multipart	实现了在RFC 2046中定义的MIME多个部分的解析
net	http	提供了HTTP客户端和服务器的实现
	mail	实现了对邮件消息的解析
	rpc	提供了对一个来自网络或其他I/O连接的对象可导出的方法的访问
	smtp	实现了定义于RFC 5321中的简单邮件传输协议（Simple Mail Transfer Protocol)
	textproto	实现了在HTTP、NNTP和SMTP中基于文本的通用的请求/响应协议
	url	解析URL并实现查询转义
	http/cgi	实现了定义于RFC 3875中的CGI（通用网关接口）
	http/fcgi	实现了FastCGI协议
	http/httptest	提供了一些HTTP测试应用
	http/httputil	提供了一些HTTP应用函数，这些是对net/http包中的东西的补充，只不过相对不太常用
	http/pprof	通过其HTTP服务器运行时提供性能测试数据，该数据的格式正是pprof可视化工具需要的
	rpc/jsonrpc	为rpc包实现了一个JSON-RPC ClientCodec和ServerCodec
os	exec	可运行外部命令
	user	通过名称和id进行用户账户检查
path	filepath	实现了以与目标操作系统定义文件路径相兼容的方式处理文件名路径
regexp	syntax	将正则表达式解析为语法树
runtime	debug	包含当程序在运行时调试其自身的功能
	pprof	以pprof可视化工具需要的格式写运行时性能测试数据
sync	atomic	提供了低级的用于实现同步算法的原子级的内存机制
testing	iotest	提供一系列测试目的的类型，实现了Reader和Writer标准接口
	quick	实现了用于黑箱测试的实用函数
	script	帮助测试使用通道的代码
text	scanner	为UTF-8文本提供了一个扫描器和分词器
	tabwriter	实现了一个写筛选器（tabwriter.Writer），它可将一个输入的tab分割的列翻译为适当对齐的文本
	template	数据驱动的模板引擎，用于生成类似HTML的文本输出格式
	template/parse	为template构建解析树
	unicode/utf16	实现了UTF-16序列的的编码和解码
	unicode/utf8	实现了支持以UTF-8编码的文本的函数和常数